U0024745

# 香料咖哩教父的
# 極簡易縮時料理教科書

零技術、顛覆傳統、不可思議的料理新手法！
❽種應用模式✕❿款香料配方✕㉛道咖哩食譜✕㊳個五角香氣圖，
輕鬆掌握咖哩研究家畢生追求的美味方程式。

水野仁輔
**MIZUNO JINSUKE**

常常生活文創

# Hands up, 是誰在煮咖哩？

大家好，感謝各位今日在百忙之中撥冗前來。接下來，我要開始教授使用香料烹調咖哩。由於這些內容是初次公開，今天或許是值得紀念的日子也說不定。

這是什麼樣的課程呢？它是**世界上最平易近人的香料咖哩烹調法**，或許可以說是**世界級美味的香料咖哩烹調法**。啊，不對，這樣說太誇張了。好吃與否是由各位決定的，不過我就是如此興奮。講師不能太過激動呢，要冷靜才行。

我構思了劃時代的新手法。（騷動）
這種手法的新穎程度能夠以一句話來表現。準備好了嗎？
吸—、吐—。（深呼吸）

「烹調咖哩完全不用技術了。」
「喔喔喔—！」（歡呼）

引起一陣小小的歡呼呢。我將使用這種手法製成的咖哩命名為「放手做咖哩」。因為是「把手放掉」，過程中不需要插手就可以做出美味的香料咖哩。儘管不需要插手，還是要加熱。簡言之就是燉煮。只要燉煮就可以做出咖哩。最近，我一直與燉煮的奇妙之處正面相對。

法國的哲學家帕斯卡（Blaise Pascal），曾經說過這句話。

「人類的偉大之處，在於思考的力量。」

日本的咖哩探索者水野仁輔，現在要說這句話。

「咖哩的偉大之處，在於燉煮的力量。」

什麼是放手做咖哩？透過放手做的手法，香料咖哩的風味會是如何？究竟要怎麼做呢？……我希望今天能夠談論這些豐富的內容。課程結束後，各位可以輕易地使用香料製作美味的咖哩。敬請期待。

**CONTENTS**

## 140　CHAPTER 5
# 放手做咖哩技術篇

本書使用方法

● 1大匙是15ml、1小匙是5ml、1杯是200ml。●材料的份量如食譜所示。●平底鍋請使用厚底款式，建議選用含不沾塗層的種類。本書使用的是直徑24cm的平底鍋。鍋具的尺寸和材質不同，熱傳導和水分蒸發方式等都會有差異。●本書使用自然鹽。若使用粗鹽，即便以量匙精確計量，可能會有鹽分不足的現象。這種情況下，請在最後進行調味。●火候的參考指標，大火是「兇猛火勢蔓延鍋底的程度」；中火是「火焰剛剛好碰到鍋底的程度」；小火是「火焰幾乎要碰不到鍋底的程度」。●鍋蓋請使用符合鍋具尺寸以及盡可能密閉的種類。●成品圖的份量是1-2人份。

# 已經，不需要技術了！

　　首先，我要說明放手做咖哩的特點。因為是新手法，作法很特別。準備好了嗎？

作法1：將所有材料放入鍋中。
作法2：蓋上鍋蓋燉煮。

就這樣呢！
「誒！？！？」（驚訝和困惑）

這樣就可以做出美味的咖哩了。你覺得會是什麼味道？

● 用料簡單
● 香氣濃郁
● 鮮味顯著
● 清淡、容易感受食材風味
● 每天都可以吃 （姑且不論是否每天都想吃）
● 很下飯

此外，這種咖哩不需要技術喔！

長期以來，我一直在鑽研讓咖哩變美味的技術。我抵達了「不需要技術」的境界。連我自己都很驚訝居然有這種事。該怎麼說呢，例如，就像**追求「時尚」嘗試各種流行裝扮的人，最終穿上純白色 T-shirt**。「結果，這才是最棒的」。好像有點帥氣呢。

　　不需要技術，意味著任何人都可以做到的意思。

　　無論誰來烹調，都能完成相同的品質。換言之，無論是由我或各位來做，成品的風味是一樣的。也就是說，放手做咖哩的優點在於所有人是平等的。沒有所謂「以知識和經驗作為後盾……」。探索各種技術的我以及在公園奔跑玩耍的小學生，做出來的風味是相同的。我是有點失望啦，不過沒辦法。

　　因此，設計（食譜）和調整（和諧）比技術更重要。以音樂來說，就是作曲（樂譜）和調音。我已經設計好食譜，首先，請各位依照食譜精準地秤量、準備和烹調。要努力工作的不是各位，而是工具。因此，烹調時只要根據自己使用的工具（鍋具和熱源）適時調整即可。

　　然而，必要的努力與時間還是要付出。當你投注必要的努力和時間，香料咖哩就會愈美味。

　　那麼，讓我們來挑戰人生第一次的放手做咖哩吧！

咖哩烹調者應該捨棄木鏟和橡皮
刮刀，手上持有鍋蓋。
……開玩笑的。

水野仁輔

科學家應該沒有願望和感情，單
純懷有鐵石心腸。

查爾斯·達爾文
（**Charles Darwin**）

CHAPTER 1

# 放手做咖哩
## 入門篇

# 基本款雞肉咖哩

# 試著想像看看。

　你覺得這款雞肉咖哩是什麼味道？當我從外觀想像咖哩的風味時，會掌握幾個重點。首先是咖哩整體的色香味。這款咖哩帶有褐色調，有種安心感。其次，咖哩醬汁的樣貌如何？從表面來看，儘管油脂和醬汁稍微分離，可以感覺到整體的滑順度，很美味的樣子。關於食材的狀態，雞肉口感脆彈、切成大塊的洋蔥入口即化。粉狀香料完全沒有粉末感，完整香料膨脹後更彰顯出存在感。

　嗯，感覺香味陣陣飄來，令人食指大動對吧？合格。

　進一步想像看看。

　這款雞肉咖哩在完成前有什麼故事。畢竟想像是自由的呢！洋蔥可能經歷2小時慢炒至焦糖色，或是花上1天燉煮。什麼都有可能。然而，實際上沒有任何故事。只是把材料放入鍋中，加蓋燉煮而已。

　對於「放手做咖哩」來說，故事在完成後才開始。因為這款雞肉咖哩無技術門檻，可能在全日本家庭的餐桌上登場。小學生也可能開始經營咖哩專賣店。真是充滿希望呢！

# 實際製作看看吧！

想像一下，放手做咖哩劇場即將在鍋中上演。所有演員務必到齊，各自扮演著不同角色。我會在說明的同時，將材料依序放入鍋中。

請看材料表（頁16），由上往下依序放入鍋中。

首先是**油脂**。

油脂的角色是提高鍋中溫度，同時充分保留香料的香氣。製作普通咖哩時，油脂有助於拌炒食材，不過放手做咖哩沒有拌炒步驟。

接著是**完整香料**。

外型完整的香料，需要花時間緩慢地萃取香氣。

依序是**洋蔥**、**大蒜**、**薑**。這三種食材會孕育出咖哩的基礎風味。放手做咖哩的洋蔥不會拌炒上色和煮至融化，可以當作配料享用。

不過，將材料這樣依序入鍋，它們不是要用來炒，有必要對入鍋順序如此神經質嗎？

　針對這個問題，雖然尚未開火，我卻是抱持著「現在鍋中的食材正在拌炒」的想像在操作。像是「啊─洋蔥滋滋作響，發出美妙聲音」的感覺。鍋中的實際情況，你看，就像這樣，依舊一片死寂。

　接下來是**番茄糊**。

　番茄糊溶入醬汁，便成為美味的調味料。

　再來是**粉狀香料**。

　粉狀香料是決定咖哩身份的重要材料，可以創造咖哩的核心香氣。由於它具有增稠醬汁的作用，烹調放手做咖哩時，祕訣是添加大量粉狀香料。香料是襯托其他材料的稱職配角。

　接著是**鹽**。

　鹽是決定風味的關鍵。儘管這款咖哩的主角是雞肉，實際上舞台中央的雞肉因為鹽的映襯而閃耀。

　現在，我正在拌炒這些食材喔。雖然沒有開火！我用木鏟將鍋中的食材鋪平，就當作是拌炒吧！

# 只要放入材料燉煮。

接下來是**水和椰奶**。

水分對於燉煮很重要。倘若只加水，味道會很清爽；加入椰奶，能夠增添濃厚的鮮味。事實上，洋蔥和雞肉也含有水分，會在受熱後釋出，因此這裡添加的水量可以少於預期。若是加入過多水分，會變得像稀薄的湯咖哩，請多加留意。

再來是**雞腿肉**。

這是主角呢！雞腿肉的中心要充分受熱。鮮味會釋放到醬汁中，可以開心享用。

最後是**香菜**。

香菜帶來收尾的香氣。雖然說是收尾，卻在一開始就放入鍋中，這是放手做咖哩的特性。如此一來，香菜的氣味可以在燉煮時瀰漫在鍋中。香菜本身的新鮮香氣會稍微減弱，使咖哩整體的香氣更有深度。

現在，演員們都準備就緒。

燉煮前／**1,100g**

是的，蓋上鍋蓋前，各位先來看看放手做咖哩的鍋中情況吧！狀況很糟喔，只是把所有材料放入鍋子而已。這不是製作咖哩20年的人會做的事情。即便是不會下廚的小學生初次做咖哩，也不會讓鍋中如此混亂。有些人會生氣地說「不要小看咖哩！」然而，總之，這樣就可以了。這樣就可以做出美味的放手做咖哩。

儘管放手做咖哩實際上有數種模式，這次是最簡單、什麼都不做的種類。蓋上鍋蓋，以小火燉煮約45分鐘。設定好料理計時器，之後什麼都不用做。休息45分鐘吧！

不過，這樣太浪費了。讓我們以隔壁爐口，依照「先炒後煮」的黃金法則手法，製作看看雞肉咖哩。你看，可以像這樣暫時忘記放手做咖哩去做其他事情，真是太棒了呢！

【材料】4人份

植物油 ························· 3大匙（40g）

完整香料
　● 小荳蔻 ····························· 4粒
　● 肉桂 ······························· ½根
　● 丁香 ····························· 6粒

洋蔥（切成扇形）··········· 中型1顆（250g）

大蒜（泥狀）··················· 2片（10g）

生薑（泥狀）················· 1大片（30g）

番茄糊 ······················· 3大匙（45g）

粉狀香料
　● 芫荽 ··························· 3小匙
　● 孜然 ··························· 3小匙
　● 紅椒粉 ························· 1小匙
　● 薑黃 ··························· 1小匙

鹽 ·······················1½小匙（8g）

水 ································· 150ml

椰奶 ······························· 100ml

雞腿肉（切成一口大小）················· 400g

香菜（可省略．切段）··············· ½杯

【作法】
將所有材料由上而下依序放入鍋中，蓋上
鍋蓋，以中小火燉煮45分鐘。

完成／**840g**

# 咖哩的常識和新常識

總而言之，透過炒或煮即可完成咖哩。

炒和煮的過程發生什麼事？這麼做的目的是什麼？

炒… 「濃縮」和「焙煎」 烹調前期 強烈地 ⇒ 味道濃郁

煮… 「滲透」和「和諧」 烹調後期 溫和地 ⇒ 味道深沉

　　使用明火或IH爐等熱源熱鍋、加熱鍋中食材，從這點來看，炒和煮是相同的。然而，兩者對於食材和香料的影響卻大不相同。可以說是正好相反。

　　「炒」是繁重的工作。將食材加熱、脫水、釋放蒸氣使味道濃縮。同時，根據不同的炒法，表面會因焙煎而上色。接著會產生**梅納反應**（Maillard reaction），**增加鮮味**。尤其是咖哩製作時，最好在前期進行拌炒，可以當作是加深基礎風味的工作。

　　另一方面，「煮」是輕鬆的工作。雖然同樣是將食材加熱和脫水，然而在食材釋出水分前，鍋中便含有其他水分。各種風味於其中**融為一體**，回到食材裡（滲透），整體達到平衡（和諧）。在製作咖哩的後期燉煮，可以視為**加深風味**的工作。

　　由於兩者的特性截然不同，我總是建議「強烈地炒、溫和地煮」。然而，**炒的過程在放手做咖哩中消失了**。我心中那份強烈的感受也不復存在，只留下柔弱與溫和的自己。那麼，咖哩是否也將不復美味呢？不是這樣的。

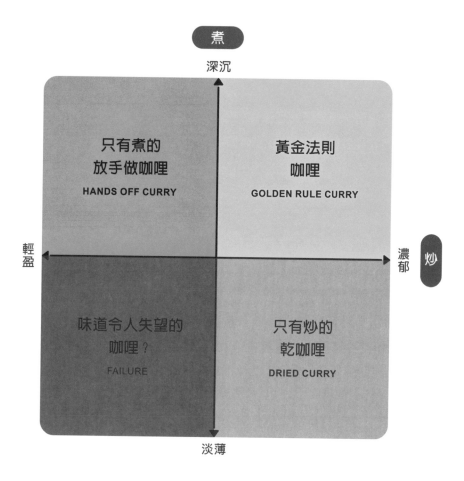

傳統炒煮併用的咖哩，帶來濃郁深沉的風味。

新式、只有煮的放手做咖哩，風味輕盈且深沉。

輕盈淡薄的味道，稱不上是美味。濃郁卻淡薄的味道，可能難以想像，我的印象是很有衝勁但是會吃膩的咖哩。

最近，人氣咖哩的風味不斷在改變。我認為大概是重口味難以被接受。這種感觸時刻真的變多了。

清爽、尾韻綿延、讓人流連忘返的風味。也許第一口沒有震撼的美味，卻在口中留下美好餘韻。這或許是如今大家所追求的咖哩風味也不一定。因此，我認為放手做咖哩也許有可能勝過黃金法則咖哩。

# 黃金法則的解說

　　容我再次說明，需要技術且忙碌的手法是「炒」；誰都能做到且自由的手法是「煮」。

　　現在前方有兩個鍋子，分別是放手做咖哩和黃金法則咖哩。說話的同時，我要發揮二刀流的本事，同時烹調這兩種咖哩。雖然說是二刀流，**放手做咖哩不用做任何事**，所以像是只有拿著一把刀。

　　那把揮舞的刀子，在黃金法則的前期忙碌地進行「炒」的步驟。不過與鍋子奮鬥至步驟4結束後，要開始「煮」，因此是空閒時間。稍微休戰。我要來針對黃金法則進行解說。

　　將鍋中材料依序加熱，即可製成美味的咖哩。這是因為添加的材料有著不同角色。角色必須發揮功能，烹調過程才能進行，因此順序很重要。將該有什麼角色、由哪些材料擔任這些角色整理出來，就是黃金法則。

　　前期步驟1-4是炒、後期步驟5-7是煮。依照這個順序烹調，即可做出美味的咖哩。香氣的決定步驟是「1、4、7」、風味的決定步驟是「2、3、5、6」。因此，香氣和風味相互交疊才是訣竅喔！

## 黃金法則

| | |
|---|---|
| 7 \| | 收尾香料（香菜）／香氣……煮 |
| 6 \| | 食材（雞腿肉）／味道……煮 |
| 5 \| | 水分（水、椰奶）／味道……煮 |
| 4 \| | 主要香料（粉狀香料、鹽）／香氣……炒 |
| 3 \| | 鮮味（番茄糊）／味道……炒 |
| 2 \| | 基礎風味（洋蔥、大蒜、生薑）／味道……炒 |
| 1 \| | 初始香料（植物油、完整香料）／香氣……炒 |

**那麼，話題回到最愛的放手做咖哩吧！**剛才我依照材料表的順序，將材料由上而下放入鍋中。這是根據黃金法則的順序而定。你或許會認為「既然是放手做，又不用拌炒，順序也無關緊要不是嗎？」然而，不是這樣的。基本上，鍋子是由底部開始傳遞熱能。鍋壁在途中也會升溫，蓋上鍋蓋產生的適度壓力，會讓整個鍋子加熱至相同溫度。即便如此，接觸鍋底的部分火力最強，這個原理是不變的。

此外，不同於壓力鍋和電子鍋的調理方式，鍋中的材料在沸騰時不太可能會跳躍、旋轉或漂浮起來，因此材料在重疊的位置、幾乎未移動的情況下，咖哩便完成了。倒不如說為了製作放手做咖哩，非得記住黃金法則，有點麻煩呢！像是閱讀說明書的使用說明般令人困惑。因此，即便是放手做咖哩，於鍋中放入材料時，還是要注意**「依照希望的加熱順序從底部開始堆疊」**。

我會說明幾項分層燉煮的要點，僅供參考。

---

**Q1.** 重的材料放在上層還是下層？

**A1.** 放在上層吧！

---

誒？不是相反嗎？你或許會這樣想。不過，使用材料的重量（重力）可以壓縮其他材料，使水分更容易釋出。接著，所有材料的鮮味將會一起燉煮。

---

**Q2.** 水分多的材料放在上層還是下層？

**A2.** 放在下層吧！

---

材料釋出的水分，可以提取其鮮味，經過加熱（燉煮）融合成新的風味。我希望讓材料的水分盡早釋出。因此為了快速加熱，放在下層吧！

---

**Q3.** 液態材料放在上層還是下層？

**A3.** 放在上層吧！

---

因為液態材料會自然往下流。將水倒入裝有材料的鍋中會發生什麼事？正如你所想像，水會穿過材料間隙流至鍋底。水會馬上往下流，番茄糊和椰奶比較濃稠，需要一點時間往下流。同時，可以先加熱下層材料。

---

**Q4.** 香氣強烈的材料放在上層還是下層？

**A4.** 放在正中間吧！

---

我想讓香氣均勻地滲入整個鍋中。因此，最好放在正中間、夾在材料和材料之間。如果可以撒在其他材料上，或是放在鍋中各處會更理想。

# 放手做製成的咖哩

將材料依照想要的加熱順序放入鍋中。從開火到完成什麼都不用做。請勿觸摸。不需要任何技術。是不是有點寂寞？

**4**

**20分**

繼續加蓋燉煮。

**1**

**0分**

將所有材料放入鍋中，蓋上鍋蓋、開火。

**5**

**22分**

繼續加蓋燉煮。

**2**

**15分**

繼續加蓋燉煮。

**6**

**24分**

繼續加蓋燉煮。

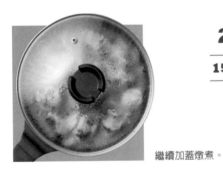

**3**

**18分**

繼續加蓋燉煮。

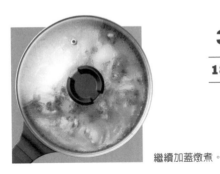

**7**

**45分**

關火，打開鍋蓋。

# 黃金法則製成的咖哩

理所當然,首先要準備空的鍋子。注油、開火,接著不斷地使用鍋子。沒錯,因為每個過程都有事情要做。

**4**

**20分**

加入粉狀香料和鹽、攪拌均勻,以小火拌炒 1-2 分鐘。

**1**

**0分**

於鍋中放入油和完整香料,以中火加熱,拌炒至小荳蔻膨脹。

**5**

**22分**

加入水,以大火煮至微滾冒泡狀態,加入椰奶攪拌。

**2**

**15分**

加入洋蔥拌炒至軟化,加入大蒜和生薑,繼續拌炒。

**6**

**24分**

加入雞肉稍微攪拌,蓋上鍋蓋,以小火燉煮 20 分鐘。

**3**

**18分**

加入番茄糊,拌炒至水分蒸發。整體呈現黏稠狀。

**7**

**45分**

打開鍋蓋,加入香菜攪拌混合,快速加熱。若需要可以加鹽調味。

如果我能把咖哩做得美味，那是
因為我將它交給鍋具跟熱源。
……開玩笑的。

水野仁輔

如果我能看得更遠，那是因為我
站在巨人的肩膀上。

伊薩克‧牛頓
（Isaac Newton）

# CHAPTER 2

# 放手做咖哩
# 基礎篇

# 基本款牛肉咖哩

在放手做咖哩當中，以燉煮時間最長而稱道的品項。
牛肉經過燉煮變得柔軟，味道在醬汁中充分釋放，
你可以享受到富有深度的味道。

【材料】4人份

植物油 ················································ 3 大匙
洋蔥（切成 3 公分丁狀）···· 小型 1 顆（200g）
大蒜（泥狀）········································· 1 片
生薑（泥狀）········································· 1 片
杏仁粉（可省略）································· 10g
粉狀香料／懷舊綜合香料（參照頁 56）
　● 孜然 ················································· 4 小匙
　● 葫蘆巴 ········································· 1½ 小匙
　● 薑黃 ············································· 1½ 小匙
　● 黑胡椒 ············································· 1 小匙

鹽 ······················································· ½ 小匙
濃醬油 ················································· 1 大匙
牛五花肉（切成一大口大小）··········· 500g
水 ····················································· 500ml
葛拉姆馬薩拉（可省略）················· ½ 小匙

【作法】

將所有材料由上而下依序放入鍋中，蓋上鍋蓋，以中小火燉煮 15 分鐘，轉小火燉煮 75 分鐘。

**5**

燉煮前／**1,280g**

**6**

煮至沸騰／**15分鐘**

**7**

完成／**861g**

# 基本款肉末咖哩

肉末咖哩只要短時間烹煮就能釋放美味。由於
豬絞肉特別鮮甜，可以加入紅辣椒的辛辣味進
行平衡。

【材料】4人份

植物油 ……………………………………… 3大匙
完整香料（可省略）
　● 紅辣椒 …………………………………… 3根
　● 黑胡椒 …………………………………… ½小匙
洋蔥（切絲）………………………… 1顆（250g）
大蒜（泥狀）……………………………… 1片
生薑（泥狀）……………………………… 1片
糯米椒（切小段）……………………………10根
番茄（切塊）………………………… 1顆（200g）
無糖原味優格 ………………………………100g

粉狀香料／邏輯綜合香料（參照頁56）
　● 孜然 ……………………………………… 3小匙
　● 小荳蔻 …………………………………… 2小匙
　● 紅椒粉 …………………………………… 1½小匙
　● 薑黃 ……………………………………… 1½小匙
鹽 ……………………………………… 1小匙（滿匙）
豬絞肉 ……………………………………… 400g
青豆（水煮）………………………… 2罐（110g）
薄荷（略切）……………………………… 適量

【作法】

將所有材料由上而下依序放入鍋中，蓋上
鍋蓋，以中小火燉煮30分鐘。

**5**

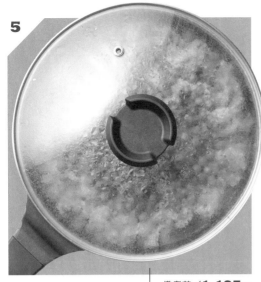

燉煮前／**1,185g**

**6**

煮至沸騰／**14分**

**7**

完成／**880g**

# 基本款蔬菜咖哩

儘管純蔬菜咖哩味道清淡、令人愛不釋手,然而乳製品和小魚乾高湯很適合搭配蔬菜,總是讓人忍不住想使用。

【材料】4人份

印度酥油（Ghee，或奶油）……………30g

完整香料（可省略）

● 孜然 ………………………… ½小匙

● 茴香 ………………………… ½小匙

洋蔥（切成扇形）…………… ½顆（125g）

大蒜（泥狀）……………………………1片

生薑（泥狀）……………………………1片

番茄糊 …………………………………4大匙

粉狀香料／普通綜合香料（參照頁57）

● 芫荽 …………………………… 4小匙

● 紅椒粉 ………………………… 2小匙

● 薑黃 …………………………… 1½小匙

● 紅辣椒 ………………………… ½小匙

小魚乾（去除頭部、內臟）……………………
少許（1-2g）

鹽……………………………… 1小匙（滿匙）

水………………………………………… 300ml

鮮奶油 ………………………………… 100ml

馬鈴薯（切成2cm丁狀）……………………
大型1個（300g）

胡蘿蔔（切成1cm丁狀）……… ½根（100g）

糯米椒（切小段）……………… 10根（30g）

葫蘆巴葉（可省略）………………………… 少許

【作法】

將所有材料由上而下依序放入鍋中，蓋上
鍋蓋，以中小火燉煮40分鐘。

**1**

**2**

**3**

**4**

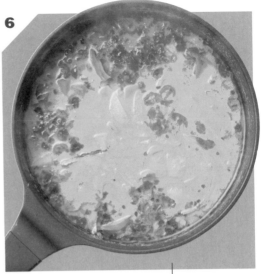

燉煮前／**1,078g**

煮至沸騰／**12分**

完成／**842g**

# 基本款魚肉咖哩

這款咖哩的醬汁是參考泰國紅咖哩所設計。搭配蔬菜也很好，不過我在這裡很節制地只使用了青背魚。

【材料】4人份

植物油 ·······························3大匙
洋蔥（泥狀）····················小型¼顆
大蒜（泥狀）························2片
生薑（泥狀）························2片
香茅（可省略・拍扁）············1根
粉狀香料／普通綜合香料（參照頁57）
　● 芫荽 ·····························4小匙
　● 紅椒粉 ·························2小匙
　● 薑黃 ···························1½小匙
　● 紅辣椒 ························½小匙

魚露 ·······························1½大匙
柑橘醬 ·····························1大匙
鰤魚（青甘魚，切成1口大小）······400g
水 ································150ml
椰奶 ······························200ml
檸檬葉 ····························3-4片

【作法】
將所有材料由上而下依序放入鍋中，蓋上鍋蓋，以中小火燉煮15分鐘。

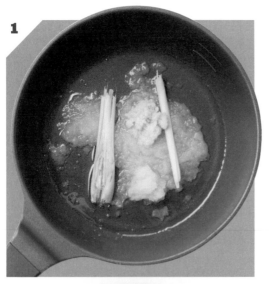

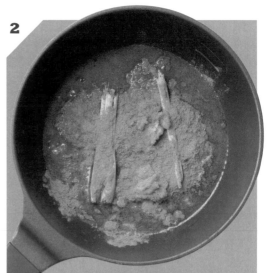

**5**

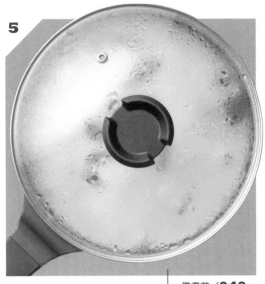

燉煮前／**942g**

**6**

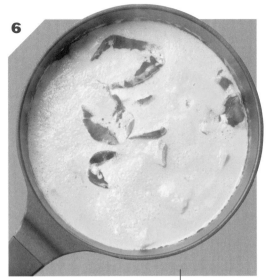

煮至沸騰／**9分**

**7**

完成／**898g**

# 基本款豆咖哩

儘管我總是覺得扁豆湯（Dal Tadka）這款經典印度
豆料理，光是燉煮就很美味，卻一直以拌炒方式烹
調它。不過，這裡要發揮真本事囉！

【材料】4人份

植物油 ……………………………………3大匙

完整香料（可省略）

● 紅辣椒 ………………………………2根

● 芫荽 ……………………1小匙（滿匙）

大蒜（切末）………………………………1片

生薑（切末）………………………………1片

洋蔥酥 ……………………4大匙（25g）

番茄（切塊）…………………………100g

粉狀香料／標準綜合香料（參照頁56）

● 芫荽 ………………………………3小匙

● 孜然 ………………………………3小匙

● 紅椒粉 ……………………………1小匙

● 薑黃 ………………………………1小匙

鹽 ……………………………1小匙（滿匙）

綠豆仁 ……………………½杯（滿杯，120g）

水 …………………………………………700ml

香菜（切碎）………………………………適量

【準備】

將綠豆仁浸泡於大量水中1小時，簡單洗淨。瀝乾後重量：約200g。

【作法】

將所有材料由上而下依序放入鍋中，蓋上鍋蓋，以中小火燉煮15分鐘；打開鍋蓋，以小火燉煮30分鐘。

**1**

**2**

**3**

**4**

**5**

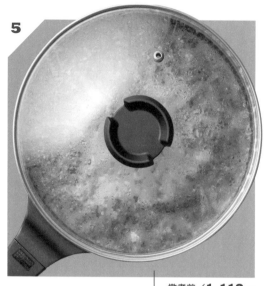

燉煮前／**1,113g**

**6**

煮至沸騰／**15分**

**7**

完成／**896g**

# 基本款放手做咖哩的
# 成功祕訣

放手做咖哩在完成燉煮後，會讓人想要興奮地打開鍋蓋。不過同時會有點不安，這也是其特色。想要感到雀躍，但是不希望伴隨焦慮感對吧？為此，讓我們做兩件事。

首先在燉煮過程中，偶爾搖晃鍋子。想像以水平方向輕微振動的樣子。接著，沉入鍋底的食材會移動，水分會流入縫隙。想要搖晃時再進行就可以了。光是這樣做就能夠顯著降低燒焦的風險。

其次是煮沸後打開鍋蓋，檢查水量（咖哩醬的量）。如果太濃稠，額外加水稍微煨煮。如果不夠濃稠，不加水煮至收汁。最後使用鹽調味。

由於是放手做，即便「只要燉煮」也是有基本訣竅。縱使很像在混淆視聽。接下來，我要更具體地說明各種咖哩的烹調要點。

## 「基本款牛肉咖哩」的祕訣

專注於「燉煮過程中搖晃鍋子」和「燉煮後調整濃度」的重點。這款咖哩由於長時間燉煮，根據鍋具與火候的不同，很容易展現差異。

## 「基本款蔬菜咖哩」的祕訣

建議選擇男爵馬鈴薯，增強其濃稠度。若使用五月皇后（May Queen）的品種，於盛盤前稍微將馬鈴薯搗碎即可。

## 「基本款豆咖哩」的祕訣

根據準備的豆子品質和浸泡狀態，可能會很容易燒焦。打開鍋蓋燉煮時，請搖晃鍋子或加以攪拌。

## 「基本款肉末咖哩」的祕訣

燉煮後的絞肉可能會結塊，類似迷你漢堡排。將絞肉適當鬆開，享受不均勻的口感。

## 「基本款魚肉咖哩」的祕訣

椰奶如果在鍋中煮過頭可能會變濃稠。在燉煮後期調降火力，或是加水調整濃度。

# Hands off, 誰點燃了火苗?

　　眼前的歐吉桑,在大鍋前重複著相同的動作。

　　咔鏘、咔鏘、咔鏘。每當他手持巨型鍋鏟大膽地攪動時,鍋子也隨著韻律搖晃。我凝視著他的身影,猶如眼前有著篝火晃動的火焰,完全被吸引住。這是我佇立在印度舊德里(Old Delhi)街角,採訪店家從早開始進行開店準備的故事。

　　我為了尋找名叫「尼哈里」(Nihari)的穆斯林燉煮料理,前往巴基斯坦和印度。歐吉桑將洋蔥、水牛肉和骨頭放入鍋裡,使用香料和油燉煮 6 小時。接著,他將鍋蓋緊密地蓋上,以炭火餘溫繼續燜煮 6 小時。這道料理濃稠如咖哩,我用麵包沾著食用。一種與簡單材料不成正比的深沉風味從口腔直奔胃部。

　　歐吉桑是很棒的廚師。在我參觀的 6 小時裡,他努力地為燉煮做準備。在我未能觀摩的 6 小時裡,大鍋代替他努力工作,負責實際燉煮的步驟。尼哈里在傍晚完成,歐吉桑打開關閉的鐵捲門,客人立即蜂擁而至。500 份餐點於 1 小時內售罄。當我聽聞每天皆是如此,我在嘆息同時發出微妙的聲音。

　　回國後,我的腦中不停響起「咔鏘、咔鏘、咔鏘」的聲音。

　　在這之前,我對於燉煮的步驟沒有思考太深。由於我認為燉煮「不含任何技術」而加以忽視,沒想到如今得認真思考。德里街角的歐吉桑主廚,點燃了我心中的燉煮之火。什麼是燉煮?自此,我不斷思考著燉煮這件事。

長久以來，日式咖哩有著深刻的燉煮料理形象。將肉類和蔬菜燉煮後，混合咖哩塊，咖哩就會如同魔法般現身。這種咖哩長期廣受喜愛。我對於這種烹調方法有點叛逆，反而重視炒的步驟。於烹調前期拌炒，能夠讓後期燉煮的風味更鮮活。有香料在手，讓我更加堅信「咖哩不是燉煮料理，而是炒煮料理」。然而，我在印度舊德里所經歷的現實完全不同。光是燉煮就可以變得如此美味。

　　若是這樣，只是假設喔！直接省略炒的步驟不就好了嗎？我像小學生般嘟起嘴巴（實際上都47歲了，真不像樣）。只要從頭到尾持續燉煮的香料咖哩應該也很美味吧！我半信半疑地進行挑戰，確實很好吃。為什麼呢？總不會是咔鏘歐吉桑附身在我身上吧！我內心的火苗如今成為熊熊烈火。火焰搖曳之時，若是將來有人能夠鍾情於此就好了。

煮咖哩就像騎腳踏車。想保持平
衡就得不斷燉煮。
……開玩笑的。

水野仁輔

人生就像騎腳踏車，想保持平衡
就得不斷前進。

阿爾伯特·愛因斯坦
（**Albert Einstein**）

# 香料混合
# 新手法

# 香料混合的新手法

## 重點在於香料混合

放手做咖哩不用技術。

我說了無所畏懼的話，也說了無論誰來烹調，味道都一樣。這麼說來，只要有工具和食材就結束了？對各位來說是這樣。不過在那之前，我有必須要做的事情。

**將香料混合，進行調配與製備。**

放手做咖哩確實是非常便利的料理手法，然而不是將冰箱的剩餘食材隨便放入鍋中就會變得美味。雖然不用動手，鍋子裡必須要「好好工作」。**烹調時不用技術，而是測試食譜設計的實力。**

如果你是老闆，在國外享受假期的同時，國內的員工也會勤奮工作。透過遠端操控。這不是好的比喻，不過就是這樣。你需要優秀的員工代表自己管理現場。以放手做咖哩來說，這就是香料。

香料在鍋中會展現三頭六臂的活躍能力。透過加熱釋放香氣、找到油脂後自行融合、增強各種食材風味。相較於自行動手做的傳統咖哩，香料的混合可說是極度重要。

那麼，我要來說明香料的選擇種類與混合方式。

## 瞭解香料的特性

各位如何看待各種香料的香氣呢？這點很重要。我曾經在某個場合表示「孜然就像過去的戀人」。意外獲得「我懂──！！」等迴響。我很驚訝，因此趁勢以「辣椒是冰山美人」、「丁香是脾氣暴躁的教授」來表現。

然而，另一方面，我想肯定有人認為「完全聽不懂」，或是「我過去的戀人不是孜然，而是小荳蔻」。將香料擬人化或是比喻成親近之人確實是有效的方法。那個角色會在腦中成形。不過，我們需要更多讓大家達到共識的指標。因此，我試著將平時用於調製香料的基底香氣，依照特性進行分類，並且添加自己的解釋。

## 什麼是香料五角香氣圖？

**香氣特性有5個主要方向**。我將對應的主要香料暫時填入，大概是這種感覺。

### 5種香氣和分類示意

M.醇厚的香氣（Mellow）⋯⋯葫蘆巴、肉桂

F. 華麗的香氣（Floral）⋯⋯小荳蔻、芫荽、茴香

R. 焙煎的香氣（Roasted）⋯⋯芥末、紅辣椒、紅椒粉

E. 樸實的香氣（Earthy）⋯⋯薑黃、黑胡椒

D. 深沉的香氣（Deep）⋯⋯孜然、丁香、八角

簡言之，香料（包含香草）是帶有「深沉、樸實、焙煎、華麗和醇厚香氣」的物質。

各位在實際確認各種香料的香氣時，請試著探索這5項要素。我將此分析方式命名為「**香料五角香氣圖**」（Spice Pentagon）。

喜歡咖啡和葡萄酒的人，應該知道各領域有著「風味輪」（Flavor Wheel）這種東西，以各種方式表現香氣。然而，香料的世界很難用這種方法整理，因為「香料」包含在風味輪的分類裡。例如，我們使用香料來解釋並描述葡萄酒和咖啡的香氣，當你想要表達那種香料本身的香氣，很難知道該用什麼。

此時，這個香料五角香氣圖就可以大顯身手。

起初，我嘗試將香料對應至各項要素，不過有點無法說服自己。因為孜然確實有著深沉的香氣，卻也有焙煎的香氣。每種香料都兼具5種要素。因此，與其將香料本身進行分類，不如設定5種評分項目，將每種香料針對這些項目進行評鑑，似乎能更正確地表達其特性。

# 香料五角香氣圖大公開！

我將以插畫和文字說明 5 種香氣的具體形象。

M

### 醇厚的香氣
（**Mellow**）

令人想要闔上雙眼的甘醇香氣。
溫柔地想要常伴左右、過往回憶
突然閃過。以樂器來比喻，就像
是鋼琴。

葫蘆巴　　　　肉桂

F

### 華麗的香氣
（**Floral**）

一種從鼻腔延續至後腦勺的舒適
香氣。釋放的瞬間便能引起注
意、具有讓人喝采的魅力。以樂
器來比喻，就像是吉他。

小荳蔻　　　芫荽　　　茴香

## 深沉的香氣
（Deep）

一種讓人感覺自己正在低嘆的香氣。具有將人帶往某個遠方的吸引力。以樂器來比喻，就像是低音盪氣迴腸的貝斯。

孜然　　　　丁香　　　　八角

D

3
2
1
0

E

## 樸實的香氣
（Earthy）

能夠感受到大地的香氣。第一印象有種莫名的「沉悶」和「苦澀感」。習慣以後便難以戒除。以樂器來比喻，就像是鼓。

薑黃　　　　黑胡椒

R

## 焙煎的香氣
（Roasted）

一種沁入鼻腔的刺激性香氣。背後隱藏著勾起食慾的魅力。彷彿令人聯想到某種燃燒的「火焰」和「熱度」。以樂器來比喻，像是小喇叭。

芥末

紅辣椒　　　　紅椒粉

# 香料五角香氣圖［香料篇］

## 五角香氣圖計分表

| | 名稱 | 深沉 | 樸實 | 焙煎 | 華麗 | 醇厚 | 合計 |
|---|---|---|---|---|---|---|---|
| 1 | 薑黃 | 1 | 3 | 2 | 1 | 1 | 8 |
| 2 | 紅辣椒 | 1 | 1 | 3 | 2 | 1 | 8 |
| 3 | 紅椒粉 | 1 | 1 | 3 | 2 | 1 | 8 |
| 4 | 孜然 | 3 | 2 | 2 | 1 | 1 | 9 |
| 5 | 芫荽 | 1 | 1 | 1 | 3 | 2 | 8 |
| 6 | 小荳蔻 | 2 | 1 | 1 | 3 | 2 | 9 |
| 7 | 丁香 | 3 | 1 | 1 | 2 | 2 | 9 |
| 8 | 肉桂 | 2 | 1 | 1 | 2 | 3 | 9 |
| 9 | 黑胡椒 | 2 | 3 | 2 | 1 | 1 | 9 |
| 10 | 茴香 | 1 | 1 | 1 | 3 | 2 | 8 |
| 11 | 葫蘆巴 | 1 | 3 | 2 | 1 | 2 | 9 |
| 12 | 芥末 | 1 | 2 | 3 | 1 | 1 | 8 |
| 13 | 八角 | 3 | 1 | 1 | 2 | 2 | 9 |
| ※ | 葛拉姆馬薩拉 | 2 | 2 | 1 | 2 | 2 | 9 |
| ※ | 焙煎咖哩粉 | 2 | 2 | 3 | 1 | 1 | 9 |
| | 合計 | 26 | 25 | 27 | 27 | 24 | |

（※綜合香料）

　　香料五角香氣圖的特性是透過五角形的圖表，以視覺化掌握香氣走向。

　　舉例來說，將薑黃繪製成圖表看看吧！樸實3分，焙煎2分，華麗、醇厚和深沉各1分。將各點以直線連接，即為薑黃的五角香氣圖。以同樣方式將紅辣椒、孜然和芫荽等香料繪製成圖吧！

　　各別的五角形圖表都完成了。每種都有扭曲的形狀，不過，圖形尖端意味著特別突出的香氣。一眼就能看懂香料的個性吧！

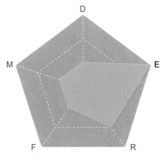

薑黃・五角香氣圖

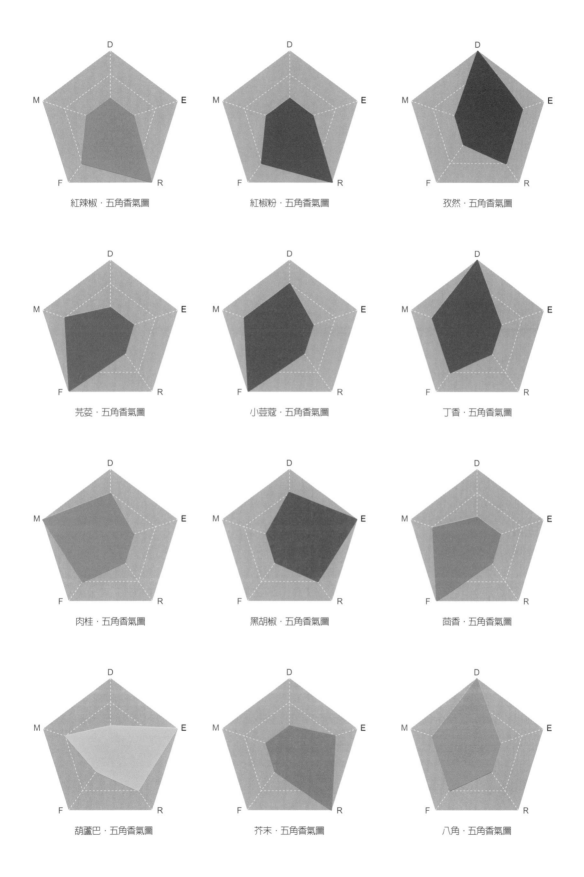

紅辣椒・五角香氣圖

紅椒粉・五角香氣圖

孜然・五角香氣圖

芫荽・五角香氣圖

小荳蔻・五角香氣圖

丁香・五角香氣圖

肉桂・五角香氣圖

黑胡椒・五角香氣圖

茴香・五角香氣圖

胡蘆巴・五角香氣圖

芥末・五角香氣圖

八角・五角香氣圖

# 香料五角香氣圖 [香草篇]

## 五角香氣圖計分表

| | 名稱 | 深沉 | 樸實 | 焙煎 | 華麗 | 醇厚 | 合計 |
|---|---|---|---|---|---|---|---|
| 1 | 香菜 | 3 | 2 | 1 | 1 | 1 | 8 |
| 2 | 迷迭香 | 3 | 2 | 1 | 2 | 1 | 9 |
| 3 | 百里香 | 2 | 3 | 1 | 1 | 1 | 8 |
| 4 | 月桂葉 | 1 | 1 | 1 | 2 | 3 | 8 |
| 5 | 巴西里 | 1 | 3 | 2 | 1 | 1 | 8 |
| 6 | 咖哩葉 | 1 | 1 | 3 | 1 | 3 | 9 |
| 7 | 香蘭葉 | 2 | 2 | 3 | 1 | 1 | 9 |
| 8 | 薄荷 | 1 | 1 | 1 | 3 | 2 | 8 |
| 9 | 香茅 | 1 | 2 | 1 | 3 | 2 | 9 |
| 10 | 蒔蘿 | 2 | 1 | 1 | 2 | 3 | 9 |
| 11 | 羅勒 | 2 | 1 | 1 | 2 | 3 | 9 |
| 12 | 檸檬葉 | 1 | 1 | 3 | 3 | 3 | 11 |
| 13 | 葫蘆巴葉 | 2 | 2 | 3 | 1 | 1 | 9 |
| ※ | 法式香草束 | 2 | 2 | 1 | 2 | 1 | 8 |
| | 合計 | 24 | 24 | 23 | 25 | 26 | |

(※綜合香草)

不只香料，香草也可以透過五角形圖表，以視覺化掌握香氣的走向。

舉例來說，將香菜繪製成圖表看看吧！樸實2分，焙煎、華麗和醇厚各1分，深沉3分。將各點以直線連接，即為香菜的五角香氣圖。以同樣方式將迷迭香、百里香和月桂葉等香草繪製成圖吧！

各別的五角形圖表都完成了。這個方法開始後就會有趣到停不下來。五角香氣圖都完成後，即可進入下個階段。

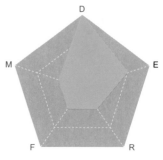

香菜・五角香氣圖

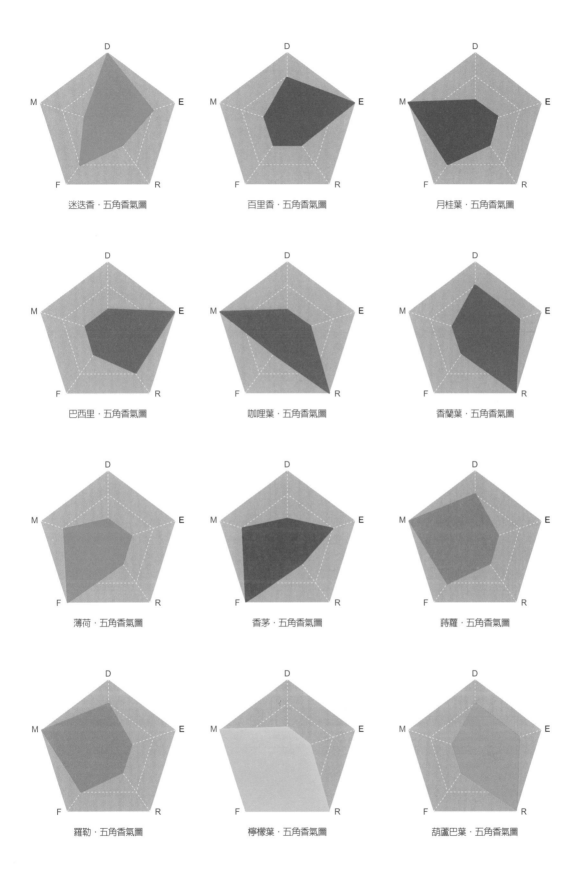

迷迭香‧五角香氣圖

百里香‧五角香氣圖

月桂葉‧五角香氣圖

巴西里‧五角香氣圖

咖哩葉‧五角香氣圖

香蘭葉‧五角香氣圖

薄荷‧五角香氣圖

香茅‧五角香氣圖

蒔蘿‧五角香氣圖

羅勒‧五角香氣圖

檸檬葉‧五角香氣圖

葫蘆巴葉‧五角香氣圖

# 試著將香氣繪製成圖表吧！

接下來要進行更有趣的事情。將第50頁的4種香料五角香氣圖重疊，會是如何呢？

形成有點神秘的星星或海星形狀。尖端朝5個方向延伸。可以看到這4種香料充分發揮其特性，並且互補彼此不足之處。

事實上，「**薑黃、紅辣椒、孜然、芫荽**」這4種香料，在烹調香料咖哩時，都是有主角級作用的前4名，亦是咖哩粉的主要成分。

為什麼這將4種香料混合會很優秀？為什麼廣受喜愛？原因很明顯。因為**平衡良好**。

那麼，再次舉例，將「**小荳蔻、丁香、肉桂**」繪製成圖表，重疊看看吧！這3種香料混合的配方，在印度料理被稱作「完整香料・葛拉姆馬薩拉」。如各位所知，葛拉姆馬薩拉是綜合香料，撒在印度料理或咖哩上收尾，便會散發濃郁香氣。最初使用更多種類的香料，不過這3種是主要原料。

五角香氣圖重疊好囉！結果如何呢？

這次的形狀像是鑽石。由於**各種香料的特性極為相似**，此處並非互補平衡，而是結合變得更閃耀。這3種香料混合後，香氣會如何呈現也很清楚。

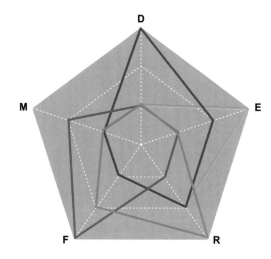

咖哩粉・五角香氣圖（4種粉狀香料）

接著，請比較4種粉狀香料和3種完整香料的五角香氣圖。曾經有人問我「咖哩粉和葛拉姆馬薩拉有什麼不同？」下次若有人提出這個問題，我會沈默地請對方看這兩張圖。

「你看，咖哩粉是星形，葛拉姆馬薩拉是鑽石形。」

開玩笑的，對方會很困惑吧！

## 更具體的香料形象

許多香料特性的輪廓變得更加清晰對吧！

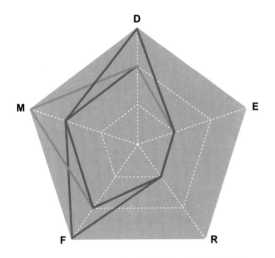

葛拉姆馬薩拉・五角香氣圖（3種完整香料）

我整理了香料五角香氣圖的5種香氣要素，並且將各個要素中的潛藏香氣進行總結。接著，再次以特色香料（香草）進行對應。記住每種香料的五角香氣圖或許有些困難，不過只要掌握5種香氣要素的特色香料就會更容易想像。

整理和分類這些東西真的很有趣呢！讓人忘卻時間的流逝。各位在確認香料的香氣時，請嘗試自行分類吧！

| | 大分類（濃郁香氣） | 中分類（微弱香氣） | 香料 | 香草 |
|---|---|---|---|---|
| D | 深沉的香氣／Deep | 可可系／Cocoa | 八角 | 迷迭香 |
| | | 薰香系／Incense | 丁香 | － |
| | | 苦味系／Bitter | 孜然 | 香菜 |
| E | 樸實的香氣／Earthy | 木質系／Woody | 薑黃 | － |
| | | 燒焦系／Burnt | － | 百里香 |
| | | 煙燻系／Smoky | 黑胡椒 | 巴西里 |
| R | 焙煎的香氣／Roasted | 梅納系／Maillard | 紅辣椒 | 咖哩葉 |
| | | 焦糖系／Caramelized | 紅椒粉 | 葫蘆巴葉 |
| | | 堅果系／Nutty | 芥末 | 香蘭葉 |
| F | 華麗的香氣／Floral | 清爽系／Refreshing | 小荳蔻 | 薄荷 |
| | | 柑橘系／Citrus | 芫荽 | 檸檬葉 |
| | | 綠色蔬菜系／Green | 茴香 | 香茅 |
| M | 醇厚的香氣／Mellow | 香甜系／Sweet | 肉桂 | 月桂葉 |
| | | 莓果系／Berry | － | 羅勒 |
| | | 濃郁系／Rich | 葫蘆巴 | 蒔蘿 |

# 公開 10 種綜合香料！

我將介紹平衡良好且百搭不膩的綜合香料。我從 10 種具有代表性的粉狀香料，挑選其中 4 種，依照適當比例混合。完成了 5 組在香氣圖表呈現對比的 10 種綜合香料。然而，香料是嗜好品。不僅香氣差距甚遠，喜好更是因人而異。試著尋找最適合自己的種類吧！

**1** 標準綜合香料
**Standard Mix [S]**

這是經典的組合。可以用在任何地方。

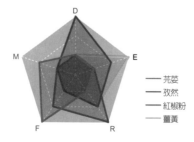

—— 芫荽
—— 孜然
—— 紅椒粉
—— 薑黃

**2** 特殊綜合香料
**Abnormal Mix [A]**

讓人覺得好像滿特別的組合。參考南印度的切蒂那德（Chettinad）料理而來。

—— 孜然
—— 芫荽
—— 黑胡椒
—— 茴香

**3** 懷舊綜合香料
**Nostalgic Mix [N]**

總是令人懷念的組合。以前的咖哩粉就是這種感覺嗎？

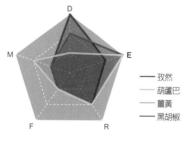

—— 孜然
—— 葫蘆巴
—— 薑黃
—— 黑胡椒

**4** 未來感綜合香料
**Futuristic Mix [F]**

強烈彰顯未來性的組合。會不會有點難應用呢？

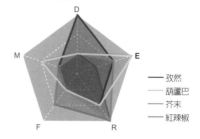

—— 孜然
—— 葫蘆巴
—— 芥末
—— 紅辣椒

**5** 邏輯綜合香料
**Logical Mix [L]**

依據理論設計的組合。包含大家可能會喜愛的香氣。

—— 孜然
—— 小荳蔻
—— 紅椒粉
—— 薑黃

**6** 感性綜合香料
**Emotional Mix [E]**

能夠激發情感的組合。強調華麗和醇厚的特性。

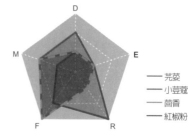

—— 芫荽
—— 小荳蔻
—— 茴香
—— 紅椒粉

## 7 | 永恆綜合香料
### Permanent Mix [P]

無論什麼時代都備受喜愛的組合。有受歡迎的實際戰績。

◀••••▶

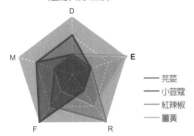

- ── 芫荽
- ── 小荳蔻
- ── 紅辣椒
- ── 薑黃

## 8 | 當代綜合香料
### Contemporary Mix [C]

符合當今時代的組合。風格也許有點強烈。

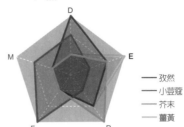

- ── 孜然
- ── 小荳蔻
- ── 芥末
- ── 薑黃

## 9 | 普通綜合香料
### Ordinary Mix [O]

可以每天安心使用的組合。香氣芬芳、顏色鮮艷！

◀••••▶

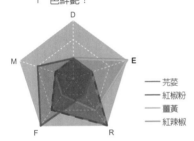

- ── 芫荽
- ── 紅椒粉
- ── 薑黃
- ── 紅辣椒

## 10 | 戲劇性綜合香料
### Dramatic Mix [D]

充滿刺激的戲劇性組合。帶有熱辣刺痛的感覺。

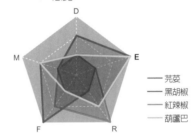

- ── 芫荽
- ── 黑胡椒
- ── 紅辣椒
- ── 葫蘆巴

| | 標準綜合香料 | 特殊綜合香料 | 懷舊綜合香料 | 未來感綜合香料 | 邏輯綜合香料 | 感性綜合香料 | 永恆綜合香料 | 當代綜合香料 | 普通綜合香料 | 戲劇性綜合香料 | 頻率 |
|---|---|---|---|---|---|---|---|---|---|---|---|
| 芫荽 | ● | ● | | | | ● | | | ● | ● | 6 |
| 孜然 | ● | ● | ● | ● | ● | | | ● | | | 6 |
| 薑黃 | ● | | ● | | ● | ● | | | ● | | 6 |
| 紅椒粉 | ● | | | ● | ● | | | | ● | | 4 |
| 紅辣椒 | | | ● | | | | ● | | ● | ● | 4 |
| 小荳蔻 | | | | ● | ● | ● | ● | | | | 4 |
| 黑胡椒 | | ● | ● | | | | | | | ● | 3 |
| 葫蘆巴 | | | ● | ● | | | | | | ● | 3 |
| 茴香 | | ● | | | | ● | | | | | 2 |
| 芥末 | | | | ● | | | | ● | | | 2 |

CHAPTER 3

# 綜合香料配方一覽表

孜然　　葫蘆巴　　½小匙　　2小匙

芫荽　　茴香　　1小匙　　3小匙

紅椒粉　　小荳蔻　　1½小匙

紅辣椒　　芥末　　　　　4小匙

薑黃　　黑胡椒

---

**1** | 標準綜合香料
Standard Mix [S]

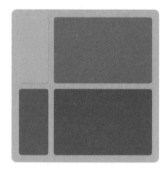

芫荽…3小匙
孜然…3小匙
紅椒粉…1小匙
薑黃…1小匙

**2** | 特殊綜合香料
Abnormal Mix [A]

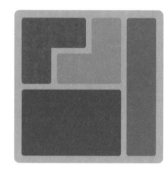

孜然…3小匙
芫荽…2小匙
黑胡椒…1½小匙
茴香…1½小匙

---

**3** | 懷舊綜合香料
Nostalgic Mix [N]

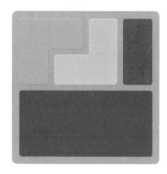

孜然…4小匙
葫蘆巴…1½小匙
薑黃…1½小匙
黑胡椒…1小匙

**4** | 未來感綜合香料
Futuristic Mix [F]

孜然…4小匙
葫蘆巴…1½小匙
芥末…1½小匙
紅辣椒…1小匙

### 5 | 邏輯綜合香料
Logical Mix［L］

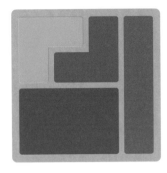

孜然…3小匙
小荳蔻…2小匙
紅椒粉…1½小匙
薑黃…1½小匙

### 6 | 感性綜合香料
Emotional Mix［E］

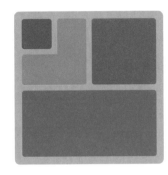

芫荽…4小匙
小荳蔻…2小匙
茴香…1½小匙
紅椒粉…½小匙

### 7 | 永恆綜合香料
Permanent Mix［P］

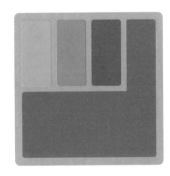

芫荽…5小匙
小荳蔻…1小匙
紅辣椒…1小匙
薑黃…1小匙

### 8 | 當代綜合香料
Contemporary Mix［C］

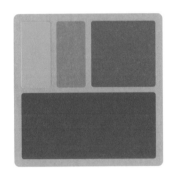

孜然…4小匙
小荳蔻…2小匙
芥末…1小匙
薑黃…1小匙

### 9 | 普通綜合香料
Ordinary Mix［O］

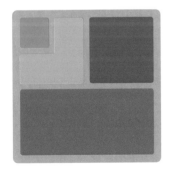

芫荽…4小匙
紅椒粉…2小匙
薑黃…1½小匙
紅辣椒…½小匙

### 10 | 戲劇性綜合香料
Dramatic Mix［D］

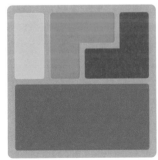

芫荽…4小匙
黑胡椒…1½小匙
紅辣椒…1½小匙
葫蘆巴…1小匙

# 本書使用的香料

### 薑黃・粉狀

無論缺少什麼，有了薑黃的色
澤和香氣就能製成咖哩。少量
即可成為多數咖哩的基礎。

### 紅辣椒・完整&粉狀

不僅是辛辣感，類似燃燒的
香氣也很出色。

### 芫荽籽・粉狀

清新的香氣讓人想依賴它，
並且大量使用。

### 孜然籽・完整&粉狀

製作咖哩的王牌前鋒。用途廣
泛出色。

### 小荳蔻・完整&粉狀

希望讓咖哩帶點奢華感所使
用的香料。

### 紅椒粉・粉狀

想要使用紅辣椒，卻對辣味
感到困擾的時機。

### 丁香・完整

低調持久的香氣。深度與肉類
咖哩相得益彰。

### 肉桂・完整

右圖是普通肉桂、左圖是高
級的優質錫蘭肉桂。

### 黑胡椒・完整&粉狀

熟悉的香料。整顆燉煮，用
來嚼食也很美味。

### 芥末籽・完整&粉狀

帶有氣泡食感、香氣撲鼻，強
調顆粒的存在感。

### 茴香籽・完整&粉狀

清甜香氣很適合搭配海鮮，
不過個人喜好分明。

### 葫蘆巴籽・粉狀

意外地不為人知，經常用於
調配咖哩粉。

**八角‧完整**

雖然是帶有瘋狂香氣的香料，只要加入便能增添異國情調。

**番紅花‧完整**

香氣和色澤都很優秀。不過非常昂貴，鮮少會使用。

**葛拉姆馬薩拉（Garam Masala）‧粉狀**

萬能的綜合香料。每個品牌的香氣會有所不同。

**焙煎咖哩粉（Roasted Curry）‧粉狀**

斯里蘭卡經常使用的咖哩粉。微焦感讓人難以抗拒。

**1** ── **將小荳蔻搗碎**

將形狀壓碎，可以更容易萃取和釋放香氣。胡椒和芫荽亦是如此。

**2** ── **將肉桂棒壓碎**

錫蘭肉桂用手就可以撥碎。若是很薄亦可直接食用。

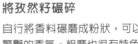

**3** ── **將孜然籽碾碎**

自行將香料碾磨成粉狀，可以體驗到驚艷的香氣。粗磨也很有特色。

# 本書使用的香草

### 香菜

芫荽的葉片部位。別名有香菜和泰文的「Pak Chee」。

### 香蘭葉

斯里蘭卡和泰國經常使用。適合搭配椰奶。

### 香茅

莖的底部香氣濃郁。葉子鮮少用於咖哩。

### 巴西里（Parsley）

左圖是常見的巴西里。右圖是義大利巴西里。兩者香氣不同。

### 薄荷

胡椒薄荷（Peppermint）比綠薄荷（Spearmint）更容易感受到其強烈風味。

### 迷迭香

自家栽培的香草。葉片厚實、香氣濃郁。

### 蒔蘿

香氣時尚優雅，經常用於醃製海鮮。

### 百里香

以濃郁香氣為特色。經常用於肉類咖哩。

### 甜羅勒

可以直接食用或是做成醬料。熟悉的香氣令人安心。

### 咖哩葉

在南印度和斯里蘭卡被使用，流行於咖哩愛好者之間。

### 檸檬葉

泰式咖哩就是這股香氣。清新的氣味習慣後會上癮。

### 月桂葉（Bay leaf/Laurier）

月桂樹的葉片。燉煮的實力幫手。

**乾燥羅勒**

源於札幌的湯咖哩經常使用，因此備受注目。

**葫蘆巴葉**

葫蘆巴的葉片，於印度料理使用。現今正流行中。

**法式香草束（Bouquet Garni）**

混合多種類型的綜合香草。經典的燉煮配料。

**1** 將香茅搗碎

雖然可以切薄片做成醬料，不過搗碎就能釋出強烈香氣。

**2** 將香蘭葉綑綁

只要加入燉煮即可釋放獨特香氣。由於葉片較長，綑綁後更容易使用。

**3** 將檸檬葉撕碎

雖然可以去除葉片中間的莖再切成絲，不過撕碎就能釋出強烈香氣。

**4** 將香草乾燥

如果香草用不完，可以自製乾燥香草，以微波爐加熱1-2分鐘進行乾燥，即可長時間保存。將多種香草混合切碎，拌入鹽製成香草鹽。

# 關於烹調時間的概念

這個部分讓我苦惱許久。

烹調時間通常是指從開火到完成那道咖哩的時間。總烹調時間愈短,大家會愈開心。當我說10或15分鐘可以做好咖哩,大家會很高興。然而,當我說「這道咖哩需要1小時」,大家會認為「很麻煩的樣子,別做了吧」。當然,10分鐘也可以做出咖哩喔!不過,**投入必要的工夫和時間,咖哩會更美味**。10分鐘做出來的咖哩雖然美味,不過是就「花10分鐘而言還不差」的味道。然而,大家對於長時間烹調的負面印象難以消除。對於提議食譜的人來說,真是困難的狀況呢!

我想知道能否為此做些什麼,因此想出一個公式。不過,這個公式沒有很了不起就是了。

例如,一道咖哩烹調時要炒30分鐘、煮30分鐘,總烹調時間是60分鐘。各位需要守著鍋子的時間有多少呢?

炒30分鐘 ⟹ 受限時間
煮30分鐘 ⟹ 自由時間

沒錯,只有一半的時間需要與鍋子搏鬥。開始燉煮後,你就自由了。我認為這個概念非常重要。

將炒或煮從其他角度視為素材是很有趣的行為。

無論使用咖哩塊或香料,各位都有煮過咖哩吧!這麼說來,烹調咖哩時也有炒和煮的經驗吧。請回想看看,炒的時候為了避免燒焦,會單手搖晃鍋子或是移動右手的鍋鏟。稍微離開鍋子可能就會燒焦。因此,要守著鍋子不斷動作。這就是炒。

那煮呢？於鍋中注入水等液體。可能會煮至沸騰。接著轉成小火，若燉煮時間是30分鐘，設定好計時器，便開始思考接下來要做什麼。可能會洗衣服、與身旁的人聊天，甚至喝點小酒。

「炒」這個忙碌行為和「煮」這個極度優雅且悠閒的行為完全不同。

我曾經說炒很重要，因為它在技術上有差異。因此，我總是說「讓我們來學習、掌握並提升技巧」。然而，煮的行為任誰來操作都一樣。無論是由各位或是水野我來煮、由老爺爺或是小朋友來煮，結果是相同的。這就是關鍵。將炒和煮進行比較會有這個區別。

炒……需要技術、忙碌。
煮……不用技術、悠閒自由。

同樣是加熱行為，兩者卻是截然不同。有人說「將洋蔥炒至淺棕色很重要。請不要離開洋蔥和鍋子」。甚至可以說，想要做出美味咖哩的人，幾乎將熱情都灌注在炒的步驟。

然而，當咖哩成為燉煮料理，將會是何等優雅的行為。倘若這種放手做咖哩能夠普及，將會是大事呢！也許我會成為咖哩界的救世主。誒？我聽到你忍不住笑了。不過，我就是這麼興奮。

# 花點工夫和巧思增加自由時間

　　關於烹調時間，有另一點讓我思考許久，就是醃製時間。使用優格和香料醃製雞肉時，食譜寫著「醃製2小時（可以的話醃製一晚）」不，醃製一晚比2小時更美味，我想就醃製一晚吧！然而，要是食譜這樣寫，大家會覺得「水野的食譜好麻煩」而不願嘗試。因此，有些部分我退讓了。事實上，以美味程度而言，醃製2小時勝過30分鐘；醃製一晚勝過2小時；醃製24小時勝過一晚。那就這樣做嘛──有種糾結的感覺。

　　稍微思考看看，醃製投入的時間是什麼樣的時間呢？請以醃製24小時的食譜試想看看。

準備醃製（將香料撒在雞肉上）… **5分鐘** ⟹ 受限時間
實際醃製（於冰箱靜置）………… **24小時** ⟹ 自由時間

　　5分鐘的準備時間，在烹調咖哩前或是前日進行，效果完全不同。如果前一晚醃製，同樣準備5分鐘後放入冰箱，接下來到隔天晚上都是自由時間。洗個澡準備睡覺。隔天早上去上班，傍晚和朋友喝茶聊天，回家打算做咖哩，直到此時，雞肉都在冰箱裡持續醃製地更美味。即使受限時間相同，味道卻完全不同。那麼，就從前一天開始做吧！

　　即便如此，我認為關於烹調的思考方式，可能有擴展的可能性。烹調咖哩時，如果有30分鐘自由時間，你會利用這段時間做什麼？這個問題詢問10個人，應該會有不同的答案。不過，可以做自己想做的事情。我認為這是放手做咖哩的優點之一。

　　假設我喜歡威士忌。我有一瓶15年熟成的蘇格蘭單一麥芽（Single Malt）威士忌。這款威士忌熟成的15年間，釀酒廠的人不會守在木桶前盯著它看吧！如果保存在控管溫度和濕度的地方，就會靜置15年。新生的嬰兒，不留神就變成國中生了。說著「長大了啊」的同時將木桶打開，經過15年熟成、風味極佳的威士忌已經完成了。因為這個15年不是受限時間，而是自由時間。

　　許多食物像這樣經過漫長的自由時間而變美味。醬油和類似味噌的提味料亦是如此。

**使用提味料的行為，如同領受他人經年累月的努力與辛勞。**雖然無法量化製作過程投注的心力，以花費的時間來看很容易理解。

我說過，付出愈多必要的工夫，咖哩會愈美味。下工夫的是自己還是其他人？此外，什麼時候要下工夫？烹調咖哩的過程中還是烹調以外的其他時間點？這些根據食譜而異。然而，總有一天，有人付出的努力會讓眼前的咖哩變得美味。

舉例來說，下面這道咖哩的總烹調時間是多久呢？

• 烹調咖哩：**45分鐘**

    ＋

• 提取高湯：**2小時**

• 醃製食材：**12小時**

• 使用提味料（醬油）：**6個月**

# 6個月又14小時45分鐘！！！

成為非常花工夫的咖哩呢！

不過，說起這些事情，還有「種植洋蔥的時間」、「香料栽培、採收和乾燥的時間」等，講都講不完。將這些全部加總起來……到此為止吧！

# 提取高湯

## 揭開美味的來源

據說高湯（Soup Stock）、肉汁清湯（Bouillon）和日式高湯（Dashi）等蘊含的鮮味，對日本人來說特別美味。可能是味覺對於鮮味很敏感吧。不過，與其說是舌頭直接產生「好吃！」的反應，不如說是悠長的美味，或是不知何故的美味這種感覺。

令人驚訝的是，這種水分的顏色通常是透明或淺棕色，看起來和開水差不多。此外，若是煮成咖哩，它的顏色會與香料和食材混合並且消失。不過，少了它味道會完全不同。美味是眼睛看不見的。

香料咖哩的初學者經常會問我問題。

「我做了香料咖哩，不過好像缺少一味。這樣沒問題嗎？」

會產生這種感覺的原因之一是「鮮味不足」。我提議的香料咖哩經常加水烹煮。舉例來說，這個人平常在外食用的咖哩，以及在家使用咖哩塊煮的咖哩都帶有強烈鮮味。習慣這個味道的人，使用水來烹調香料咖哩，可能會覺得少了什麼。

過去，將高湯用於香料咖哩的時候，會提取更清澈的雞肉清湯（Chicken Bouillon），由雞骨和芳香蔬菜（aromatic vegetables）長時間細心熬煮而成。只要加點鹽，即可當作美味湯品享用。加入蔬菜燉煮，幾乎變成了法式蔬菜燉肉（Pot-au-feu）。不過，將其做成咖哩，湯的鮮味會難以察覺。因為咖哩融合了各式食材、油脂和香料的風味，清湯的味道會居於下風。因此，有一次我心想「別假裝當好學生了」。我想使用味道更強烈的湯汁。當時我嘗試了白湯。

白湯是中式料理使用的湯汁。雖然製作方式繁多，這裡介紹的是相當簡單的方式。接近透明無色的湯汁變得乳白混濁。由於雞骨經過長時間大火熬煮，其中的膠質和脂肪使熱水乳化。沒錯，隱藏的鮮味變明顯了。這種白湯風格的湯汁，將成為放手做咖哩的可靠伙伴。

# 雞骨高湯

材料

雞骨 ………………………… 2付（450g）
水 ………………………………… 3000ml
芹菜（頭部）……………… 1根（80g）
青蔥（頭部）……………… 3根（80g）

**1**

將雞骨和足量的水放入鍋中，靜置30
分鐘。快速沖洗雞骨後放回鍋內，倒
入食譜所示水量，開大火。經過約20
分鐘會開始浮現雜質，仔細地撈取。
以大火燉煮，維持沸騰狀態。

**2**

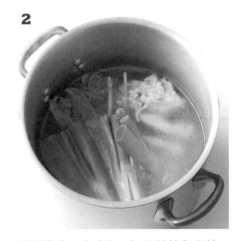

開火燉煮1小時後，加入芹菜和青蔥。

**3**

開火燉煮1.5小時後，取出芹菜和青
蔥。

**4**

開火燉煮2小時後，即可完成。使用
篩網過濾。成品約1000ml。

祕訣
2

# 醃製食材

醃製雖然是需要下工夫的時間,卻是讓咖哩變美味的重要工作。請記得「肉類和魚類很適合搭配酸味和香氣強烈的東西」。以某種程度來說,醃製時間愈長,效果會愈好。

我在印度舊德里的坦都里烤雞(Tandoori Chicken)創始店進行採訪時,主廚自豪地說「雞肉以香料醃製48小時是最棒的!」真的嗎?雖然不知道根據為何,實際嘗試後確實很美味。

---

## 為什麼要醃製食材?

### 1
### 軟化食材
### (主要是肉類)

醃製會使食材的纖維產生縫隙,提高保水性。此外,可以活化蛋白質分解酵素的作用,將胺基酸分解,使纖維連結變得鬆散柔軟。酸性會促使肉類中的膠原蛋白進行凝膠化,加熱時會融化和軟化。由於雞肉短時間加熱就會軟化,這是使用塊狀牛肉、豬肉和羊肉時,期望達到的效果。

### 2
### 增添食材風味
### (主要是肉類)

由於醃製用的材料具有各式香氣,關鍵在於成分是水溶性/脂溶性。水溶性成分可以和低pH值的水分一起滲入纖維縫隙;脂溶性成分可以滲入食材的蛋白質。兩者皆可豐富食材風味。此外,酒精能留住任何香氣成分,因此使用香料和葡萄酒或梅酒一起醃製,效果很令人期待。

---

### 3
### 控制加熱進度

透過醃料和食材的結合,火力會緩慢地滲透。由於香料不容易燒焦,加熱的過程可以使風味更容易地於脂肪內穩定。

### 4
### 使食材(肉類或魚類)
### 容易保存

低酸性的物質具有抑制菌類繁殖的效果。不過,近來許多食材都很新鮮,家中也有冰箱,可能不太需要這項功能。

## 【香料醃製】

只用粉狀香料醃製入味。

## 【洋蔥醃製】

以洋蔥泥、香料和醋醃製入味。

## 【優格醃製】

以優格和香料等醃製入味。

## 【芳香蔬菜醃製】

以芳香蔬菜、香料和檸檬醃製入味。

## 【檸檬醃製】

以香料和檸檬汁醃製入味。「薑黃、檸檬
汁、鹽」是海鮮類的經典組合。

參考：醃製用主要食材的酸度

| | |
|---|---|
| 醋 | pH1.8-3.8 |
| 檸檬 | 約pH2.0 |
| 梅酒 | 約pH3.0 |
| 白葡萄酒 | ph3.0-3.5 |
| 紅葡萄酒 | pH3.3-3.8 |
| 優格 | 約pH4.0 |

祕訣
3

# 使用提味料

## 爲什麼會發生魔法？

所謂的提味料，簡言之就是「**最作弊的方法**」。簡單地讓咖哩變好吃。因為添加提味料後，鍋中會立即產生它的味道。為什麼會發生這種魔法般的事情？我認為「**提味料是偷懶用的東西**」。

可以不做事。可以節省工夫。不用自己動手，有人會代替你做這些事情。是誰呢？正是製作這種提味料的人。加入醬油燉煮，代表在日本某處有著釀造醬油的人。請予以感謝吧！

接收那個人付出的時間與辛勞，讓咖哩變得美味。

舉例來說，釀造醬油（發酵、熟成）需要至少6個月。換言之，總烹調時間為30分鐘的咖哩，於烹調途中加入醬油當作提味料，這道咖哩的「真正總烹調時間」為6個月30分鐘。釀造醬油的人付出6個月，而你付出30分鐘。很方便吧！

輕鬆發揮提味料效果的食材，大致可分成幾種。

高湯、發酵熟成物、糖分、油脂等。各個都是強大的伙伴。由於每個人偏好不同，根據想要烹調的咖哩挑選合適的提味料，掌握各種提味料的原料、製造工序和時間，我想會有幫助。

- - - - - - - - - - - - - - - - - - - - - - - - - - - - - - - - - - - - - - - - -

## 【海鮮高湯】

**小魚乾**
原料：日本鯷
製造工序：熬煮→曬乾
製造時間：24小時

**蝦米**
原料：蝦子
製造工序：水煮→乾燥→
　　　　　靜置
製造時間：1-2天

**乾干貝**
原料：扇貝
製造工序：水煮→乾燥→
　　　　　靜置
製造時間：30-90天

**高湯粉**
原料：鰹魚
製造工序：切割→熬煮→
　　　　　燻製→乾燥→
　　　　　長黴→粉碎

## 【發酵熟成物】

**醬油**
原料：大豆、小麥、鹽
製造工序：混合→發酵→
　　　　　熟成→萃取
製造時間：6個月

**魚露（Nam Pla）**
原料：日本鯷、食鹽、砂糖
製造工序：鹽漬→發酵→
　　　　　添加砂糖
製造時間：2年

**鯷魚**
原料：日本鯷、橄欖油、食鹽
製造工序：鹽漬→熟成→
　　　　　添加油脂
製造時間：6個月

## 【糖分】

**柑橘醬**
原料：柑橘類、砂糖
製造工序：加熱→濃縮
製造時間：4小時

**砂糖**
原料：原料糖（甘蔗）
製造工序：熬煮收汁→
　　　　　結晶化→乾燥
製造時間：24小時

**甜辣醬**
原料：砂糖、辣椒、大蒜、
　　　食鹽、醋
製造工序：混合→加熱
製造時間：30分鐘

## 【油脂】

**洋蔥酥**
原料：洋蔥、油
製造工序：油炸
製造時間：30分鐘

**印度蔬果醃漬物（Achar）**
原料：油、鹽、香料、萊姆等
製造工序：鹽漬→添加香料、油脂→
　　　　　加熱（熟成）
製造時間：2小時

## 【其他】

**杏仁粉**
原料：杏仁
製造工序：乾燥→粉碎
製造時間：3-4天

**椰子粉**
原料：椰子
製造工序：乾燥→粗磨
製造時間：2-3天

# Hands off, 誰帶來了靈感？

唰地拉開窗簾,柔和的陽光映入廚房。我思考著「在光線變暗前開始吧」,同時按下暖爐開關。雖然還沒決定要做什麼咖哩,香料都有了。準備鍋子和刀具前有些事情要做。播放音樂。

按下唱片播放鍵,懷舊金曲(Oldies)很快地響起。烹調咖哩時不可以少了背景音樂。「聽著好的音樂,香料就會釋放香氣喔」,開玩笑的,不可能。最近,我一直在聽《Theme Time Radio Hour》的合輯,一套3組共6張唱片。這套合輯來自巴布·狄倫(Bob Dylan)曾經擔任DJ的廣播節目,我特意從美國訂購。

製作咖哩時,我有滿嚴重的音樂成癮,無論烹調狀況如何,只要音樂停止,我便會離開鍋子去更換唱片。隨著歌曲接近尾聲,我也會想著「是時候了」而躁動不安。要更專注於料理啦,我對自己說。

我開始思考如何度過咖哩的烹調時間,於是萌生放手做咖哩的想法。雖然容易被誤解,放手做咖哩不是「快速料理」。只是不用動手,有些食譜甚至應該叫做「耗時料理」。對於喜歡料理的人而言,烹調時間愈長愈好。只要重複換上巴布·狄倫的唱片,喜悅就會延續下去。然而,不是所有人都這樣。

為了更享受烹調時間,我構思了「名唱片咖哩」。聽著專輯的同時,手一邊動作,一張唱片播放完畢,咖哩也做好了。例如,我聽著喜歡的披頭四樂團的《艾比路》(Abbey Road)專輯,一邊來烹調咖哩吧!

播放Ａ面第1首〈Ｃｏｍｅ Together〉，準備切洋蔥；播放Ａ面第2首〈Something〉，開始炒洋蔥。播放Ａ面第6首〈Ｉ Ｗａｎｔ You〉，一邊哼唱、一邊撒上香料；播放Ｂ面第2首〈Ｂｅｃａｕｓｅ〉，伴隨和聲攪拌雞肉。播放Ｂ面第8首〈Golden Slumbers〉左右，一邊觀望咕嘟咕嘟燉煮的鍋子、同時來杯咖啡。播放Ｂ面第10首〈Ｔｈｅ Ｅｎｄ〉結束時，如同曲名關火；播放Ｂ面最後一首〈Her Majesty〉的25秒內，拌入葛拉姆馬薩拉。看吧，完成囉！

　　將烹調時間分成受限時間與自由時間的靈感，來自於我在享受名唱片咖哩的時刻。披頭四、馬文‧蓋（Marvin Gaye）、尼爾‧楊（Neil Young）讓我的受限時間更加充實。放手做咖哩會是如何呢？由於不用動手，不只耳朵，連身體都空出來了。這個自由時間可以做什麼？想做什麼？詢問不同的人好像也很有趣。

　　你會用獲得的自由做什麼呢？總覺得好像在詢問作為人的本質。我會怎麼做呢？我想躺在沙發上悠閒地聽音樂。

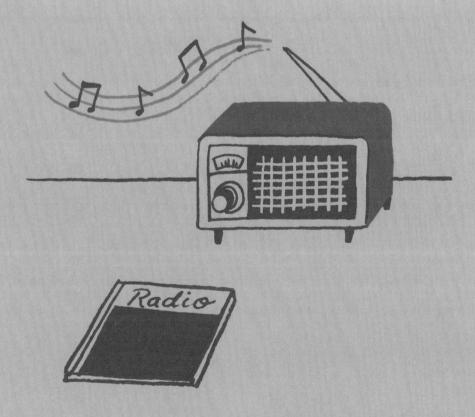

製作美味咖哩最有效的方法，就
是永遠再多煮一次。
……開玩笑的。

水野仁輔


追求成功最有效的方法，就是永
遠再多試一下。

湯瑪士·愛迪生
（**Thomas Edison**）

CHAPTER 4

# 放手做咖哩
# 應用篇

# 過程中的工夫與巧思

　　放手做咖哩的特徵是以「只要放入材料燉煮」這種極簡單烹調方式製成的咖哩。我想談論的是,如何更享受放手做咖哩,並且在別處努力使咖哩更美味。這就是「應用模式」。

　　主要是在開始燉煮前,以「一個巧思」讓咖哩升級。像是醃製、煮沸一次、燜煮等。將鍋中的食材整合,打造風味容易融合的環境。還有在燉煮後下「一個工夫」的方式。加入某些材料收尾、打開鍋蓋收汁等。風味會更加深厚。

　　其中也有類似「那個,不是放手做了吧」的模式。有些部分需要「動手做」。我稱作「半放手做咖哩」。由於有多種應用模式,接著來介紹對應的食譜吧!

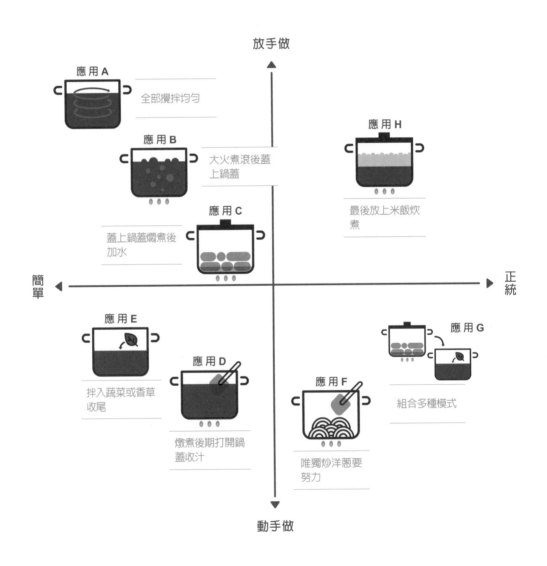

放手做

應用 A
全部攪拌均勻

應用 B
大火煮滾後蓋上鍋蓋

應用 H
最後放上米飯炊煮

應用 C
蓋上鍋蓋燜煮後加水

簡單 ◄─────────────────► 正統

應用 E
拌入蔬菜或香草收尾

應用 D
燉煮後期打開鍋蓋收汁

應用 F
唯獨炒洋蔥要努力

應用 G
組合多種模式

動手做

## 放手做的基本模式

# 依照順序堆疊燉煮

將材料依序放入鍋中，蓋上鍋蓋，開火。由於鍋子下方有熱源，火力會從鍋底逐漸滲入，<u>添加食材的順序就是「希望加熱的順序」</u>。基本上，遵循黃金法則。

### 「放手做」的價值

將香氣和味道依序堆疊的黃金法則是符合理論的手法。放手做咖哩同樣承襲這個思考方式，<u>將味道和香氣相互堆疊</u>。它的特點不是在堆疊時加熱，而是全部堆疊好以後再開火。食材會依照期待的順序加熱，不過在途中會融為一體。<u>主要原因是有水</u>（或是水分）的存在。即便將食材依序堆疊，水會穿過縫隙流入鍋底。因此，由烘烤和拌炒引起的梅納反應不太會發生，而是從鍋底開始依序加熱。有個很特別的技巧是加入等重的冰塊來取代水。蓋上鍋蓋，當冰塊在鍋中緩慢地融化時，鍋底的油脂可以將香料和洋蔥爆香。這個或許可以說是放手做咖哩的未來式。

### 「動手做」的空間

將油倒入鍋中時開火，依序放入香料和食材，雖然操作過程相同，但是在切割和添加食材的時間裡，包含部分「炒」的步驟。烹調後期加水、蓋上鍋蓋，可以放手了。透過這種方式，可以同時掌握黃金法則和放手做的優點。

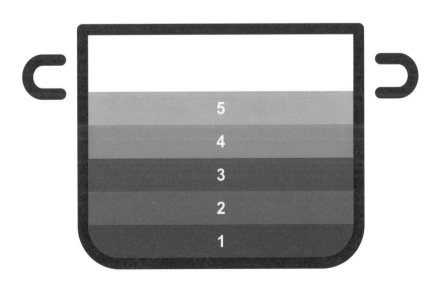

## 放手做的應用模式A

# 全部攪拌均勻

將材料相繼放入鍋中（不論順序），混合裡面的所有材料。當這款咖哩需要的全部食材呈現和諧狀態時，蓋上鍋蓋，開始加熱。燉煮使**風味融為一體**。

### 「放手做」的價值

香料、油脂、食材、水分和鹽的堆疊與混合方式，會改變熱傳導與風味形成的方式。**油會提高鍋內溫度、香料會使食材沾上香氣、鹽會帶出風味**。接著，水分將全部融合。如同「放手做咖哩」的文意，在途中不用動手便完成的情況下，各種食材的作用在下半場加熱後才會展現。對於應用模式A來說，將全部材料混合便開始烹調，目的是讓各種材料在一開始便有效地作用。將這個思考方式延伸，搭配醃製的手法併用，可以期待更明顯的效果。即便是鍋中不會產生強烈對流的食譜，將所有食材與現成的咖哩醬混合，在熟悉狀態下完成的咖哩也有其優點。

### 「動手做」的空間

為了更加強化各種材料的作用，理想的加熱順序是①油、②全部食材、③水（水分）。因此，將油倒入鍋中，加入水分以外的所有香料和食材攪拌均勻，拌炒至整體釋出香氣和上色，加水、蓋上鍋蓋燉煮使咖哩升級。

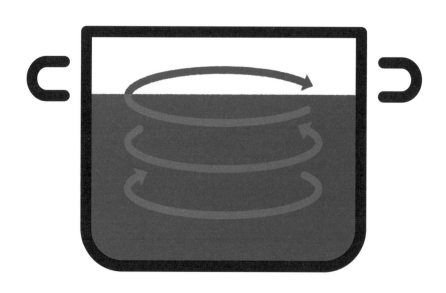

## 放手做的應用模式B

# 大火煮滾後蓋上鍋蓋

根據基本模式依序加入食材，在蓋上鍋蓋前，以大火將鍋內溫度一次提升。等到鍋子中央沸騰冒泡再蓋上鍋蓋，可以<u>縮短總加熱時間</u>。

### 「放手做」的價值

從熱源到鍋子的熱傳導方式，基本上是「由下往上」。雖然IH爐會直接加熱鍋底的接觸面，使用瓦斯等直火的場合，火焰和熱能會由鍋底延伸至鍋子周圍。因此，<u>前期是鍋底、中途開始鍋壁的溫度升高且傳遞熱能</u>。雖然蓋上鍋蓋可以稍微增加壓力，使熱能在鍋中整體循環，不過蓋上鍋蓋前，以大火煮沸，使鍋中全部的材料呈現溫熱、準備好燉煮時再上蓋，這樣的效果很好。詳細解釋，直到蓋上鍋蓋為止，水氣蒸散會使內容物濃縮，接觸鍋底和鍋壁的食材與香料，接收到的溫度較高，容易釋出強烈風味。過程中不用動手，<u>透過控制火力和上蓋的時機來改變風味</u>，這正是有趣之處。

### 「動手做」的空間

於烹調前期先煮沸是為了提升加熱效率，因此將材料放入鍋中的時候，以熱水取代常溫水，可以進一步縮短沸騰的時間。然而這種情況下，最好在加入熱水以外的材料後就開火，稍微加熱再倒入熱水煮至沸騰。而不是在加入其他香料和食材的同時，倒入熱水再加熱。

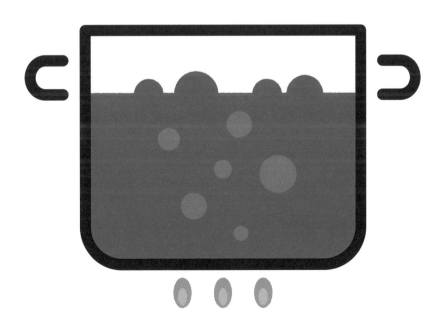

# 蓋上鍋蓋燜煮後加水

將水以外的全部食材放入鍋中,蓋上鍋蓋,開火。暫時維持燜煮狀態(視材料而定可能是蒸煮),待鍋中溫度上升後,打開鍋蓋注入水。再次加蓋燉煮。

## 「放手做」的價值

「放手做」不等於「只是放著燉煮」。視材料組成而定,即便是簡單地蓋上鍋蓋開火,前期的燉煮也可能以不同的方式加熱。特別是這種應用模式在未加水的同時開始加熱,因此可以**採取部分「先烤再煮」或「先炒再煮」的手法**。鍋子的最底層是油,上方有香料、洋蔥和其他食材。蓋上鍋蓋開始燜烤時,油溫會上升並傳遞至食材表面,散發出焙煎的香氣,部分開始稍微上色,風味逐漸增加。當食材釋出水分,開始進入「煮」的狀態,打開鍋蓋注入水。**豐富濃郁**的味道便唾手可得。

## 「動手做」的空間

**加水的時機愈晚,鍋中生成的風味就愈香**。移動鍋中的食材便不容易燒焦,由於燜烤時間可以延長,以兩手固定鍋柄與鍋蓋,上下左右搖晃即可。打開鍋蓋會讓蒸氣和熱能散失,「蓋著搖晃」的效果比較好。

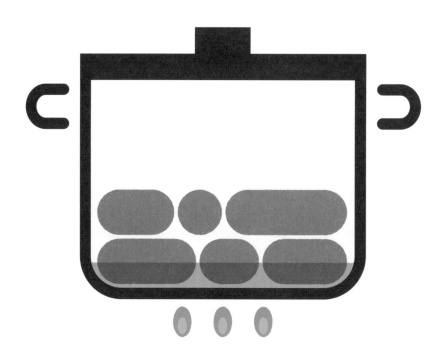

## 放手做的應用模式D

# 燉煮後期打開鍋蓋收汁

加蓋燉煮的過程接近完成,當食材的狀態夠柔軟,打開鍋蓋繼續燉煮。水蒸氣會立即從鍋中逸散。雖然火候會帶來程度上的差異,**燉煮收汁會使味道加深。**

加熱,可以使食材變得柔軟入味、整體更加融合、風味變得深厚。**確認鍋內情況並持續加熱至理想狀態**。請注意,長時間或過度燉煮可能會讓香氣流失。

## 「放手做」的價值

放手做咖哩根據鍋具材質、熱源與火候的不同,鍋中的剩餘水量很容易有差異。為了縮短 **「食用的理想濃稠度」** 與 **「鍋中實際濃稠度」之間的差距**,打開鍋蓋,進行收汁的動作。由於許多食譜將咖哩煮得相對濃稠,多數情況必須將鍋蓋打開使水分蒸發。若水分過度蒸發,請適量加水。無論如何,打開鍋蓋持續

## 「動手做」的空間

燉煮收汁的時候,最好搖動鍋子或攪拌鍋中的食材,而不是置之不理。

移動食材位置或是混合醬汁與配料,將更容易掌握烹調狀態。建議以木鏟攪拌和刮除鍋底與鍋壁的食材。如此可以避免燒焦,確實地燉煮收汁。

# 放手做的應用模式E

## 拌入蔬菜或香草收尾

將想要維持新鮮風味的食材保留、不放入鍋中,蓋上鍋蓋開始燉煮。待放手做咖哩接近完成時,打開鍋蓋,加入**收尾的調味食材**混合均勻。

### 「放手做」的價值

將想要確實加熱與不想加熱的材料分開,前者先蓋上鍋蓋燉煮,後者保留作收尾用。放手做咖哩的優點之一,就是放入鍋中的材料會融合,產生新的風味,口感和味道也會更接近。收尾時加入調味材料的步驟,雖然與上述優點相反,然而**添加新鮮香氣、風味和口感,卻可以提升咖哩整體的美味**。調整添加時機,亦可控制呈現的風味。於燉煮後期打開鍋蓋加入收尾材料,上蓋燉煮,風味會趨於穩定;於關火後拌入收尾材料,風味會依然濃郁。

### 「動手做」的空間

一開始便將主要食材和香料放入鍋中燉煮,其他材料則是觀察鍋中情況,依各別的適當時機加入混合,蓋上鍋蓋燉煮,這是另一種方法。透過階段性添加食材,可以從期待的成品回推,選擇收尾用的香氣和材料。

## 放手做的應用模式F

# 唯獨炒洋蔥要努力

於鍋中熱油,只要先放入洋蔥拌炒。接著依照黃金法則的步驟,將其餘所有材料依序放入鍋中,蓋上鍋蓋燉煮。這個手法稱作「半放手做咖哩」。

### 「放手做」的價值

放手做咖哩的特徵是放棄公認製作咖哩最重要的「炒洋蔥」步驟。它的效果是味道更輕盈。對傳統咖哩而言,拌炒洋蔥會引發梅納反應,產生的焙煎香氣是提升風味的要點。保留這項優點,其餘的步驟遵循放手做,可以使味道平衡。前期「炒」的過程與放手做相反,後期「煮」的步驟則是放手做。由於這個手法優點各半,我將它稱作「半放手做咖哩」。使用洋蔥酥代替炒洋蔥也可以達到相同的效果。雖然需要額外添加油脂,其他材料和洋蔥酥可以一起放入鍋中燉煮。

### 「動手做」的空間

炒洋蔥的步驟已經是動手做了。將洋蔥以外的材料全部放入鍋中後,建議將整體充分混合,使炒洋蔥的鮮味均勻分布再開始燉煮。若是帶有水分的食譜,待炒洋蔥溶入水中再與其他材料混合,整體風味會更和諧。

## 放手做的應用模式G

# 組合多種模式

使用2種以上的組合應用模式。舉例來說，蓋上鍋蓋燜煮後加水（應用模式C），再次上蓋燉煮，打開鍋蓋拌入香草（應用模式E）等。

### 「放手做」的價值

每種應用模式都有各自的作用。全部攪拌均勻（應用模式A）能夠使材料更加融合、促進均勻加熱；大火煮滾後蓋上鍋蓋（應用模式B）能夠提升加熱效率；蓋上鍋蓋燜煮後加水（應用模式C）能夠產生梅納反應促進風味；燉煮後期打開鍋蓋收汁（應用模式D）能夠加深風味並調整水分；拌入蔬菜或香草收尾（應用模式E）能夠增添新鮮風味；唯獨炒洋蔥

要努力（應用模式F）能夠加強甜味和鮮味。大致可以分類為：關於控制水分的應用模式（A·B·D）、關於控制風味的應用模式（C·E·F）。根據目的有多種對應的組合方式。

### 「動手做」的空間

試著一次使用所有應用模式。使用油炒洋蔥（F），將水分以外的材料全部攪拌均勻（A），蓋上鍋蓋燜煮後加水（C），大火煮滾後蓋上鍋蓋（B），燉煮後期打開鍋蓋收汁（D），拌入香草收尾（E）。以「煮」為中心重新建構烹調流程。

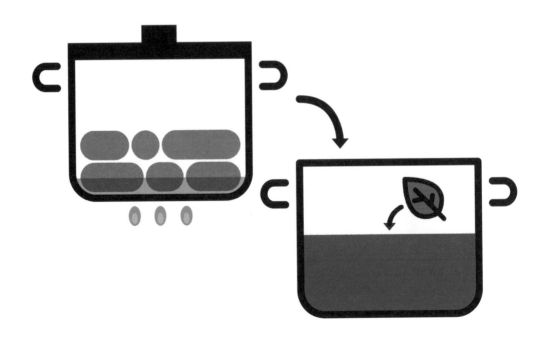

## 放手做的應用模式H

# 最後放上米飯炊煮

使用基本模式或任何應用模式製作放手做咖哩，另外放上泡水與煮過的巴斯馬提米（Basmati，別名「印度香米」）蓋上鍋蓋炊煮。香飯（炊飯）也可以放手做。

### 「放手做」的價值

香飯是巴斯馬提米吸收醬汁（Gravy，此處指咖哩）風味形成的料理。在印度和巴基斯坦，有種名叫「dum」的密閉燜蒸手法很有名。以微火緩慢加熱，避免蒸氣逸散出去。鍋內的醬汁風味化作蒸氣滿溢鍋中、被米粒吸收。因此，最好盡量不要打開鍋蓋和攪拌鍋中食材。對於放手做咖哩來說，鍋中的材料和醬汁會融合，有時候會對流形成單一風味。對於香飯來說，只要不使用木鏟等工具攪拌肉汁和米飯，上下層關係不會改變。風味在沒有實質混合的情況下產生轉移，證實了蓋上鍋蓋的加熱效果。**放手做烹調方式的價值在於食材的風味能夠互換。**

### 「動手做」的空間

香飯常見的炊煮方式，包含在醬汁（咖哩）上覆蓋米飯的「Pakki式」，以及在醃製食材上覆蓋米飯的「Kacchi式」，兩者經常搭配密閉燜蒸（dum）的手法，最後都不用動手。將生米和醬汁混合煮沸後再進行炊煮的「Boil式」，由於打開鍋蓋並同時攪拌炊煮，很容易調整味道。

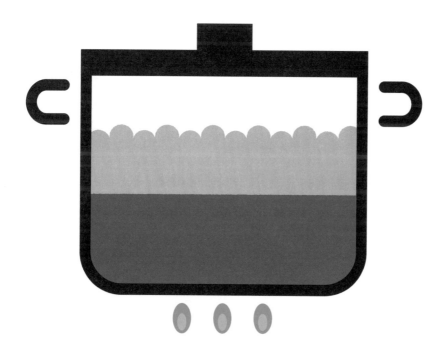

# 奶油雞肉咖哩

超高人氣的奶油雞肉咖哩如今成為經典，
雖然食譜種類繁多，我還是喜歡使用八角
的版本。很適合搭配戲劇性綜合香料。

### 如果想要動手做

將奶油和完整香料放入鍋中拌炒。加
入醃製好的雞肉和醃料，拌炒至雞肉
表面全部上色。倒入番茄糊和水、煮
至沸騰，接著燉煮至雞肉熟透即可。

# ▶ 應用模式A：全部攪拌均勻

【材料】4人份

雞腿肉 ·······································500g

醃料

- 無糖原味優格 ·······················100g
- 大蒜（泥狀）··························1片
- 生薑（泥狀）··························2片
- 鹽 ···························1小匙（滿匙）
- 杏仁粉（可省略）···············1大匙
- 柑橘醬 ·······························1大匙

粉狀香料／戲劇性綜合香料

- 芫荽 ···································4小匙
- 黑胡椒 ·····························1½小匙
- 紅辣椒 ·····························1½小匙
- 葫蘆巴 ·······························1小匙

奶油 ···········································50g

完整香料

- 八角 ···································1粒
- 葫蘆巴葉 ·····························5大匙

番茄糊 ·····························5大匙（75g）

水 ···········································300ml

【準備】

將雞肉、醃料、粉狀香料放入碗中，充分拌勻，醃製約30分鐘（可以的話醃製一晚）。

【作法】

將醃製好的雞肉和醃料放入鍋中，加入其他材料攪拌均勻，蓋上鍋蓋，以中小火燉煮30分鐘。

燉煮前／**1,070g**

完成／**840g**

香料配方

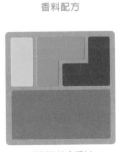

戲劇性綜合香料

香料五角香氣圖

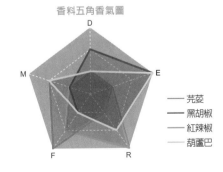

—— 芫荽
—— 黑胡椒
—— 紅辣椒
—— 葫蘆巴

燉煮的翻頁漫畫
（詳見頁146）

# 濃郁雞肉咖哩

特殊綜合香料可以說是為了製作這款咖哩而調配的。奢華的香氣靈感來自南印度的切蒂那德（Chettinad）料理。

如果想要動手做

將油和完整香料放入鍋中拌炒。加入洋蔥炒至金黃色。加入醃製好的雞肉和醃料，拌炒至雞肉表面全部上色。加入所有剩餘材料，沸騰後繼續燉煮。

# ▶ 應用模式A：全部攪拌均勻

## 【材料】4人份

植物油 ……………………………4大匙
完整香料
  ● 八角 ………………………… 1粒
洋蔥（泥狀）………………小型½顆（100g）
雞腿肉（切成一口大小）………………600g
醃料
  ● 大蒜（泥狀）………………… 1片
  ● 生薑（泥狀）………………… 2片
  ● 鹽……………………………1小匙（滿匙）
粉狀香料／特殊綜合香料
  ● 孜然 ……………………………3小匙
  ● 芫荽 ……………………………2小匙
  ● 黑胡椒 …………………………1½小匙
  ● 茴香 ……………………………1½小匙
水 ………………………………100ml
棕色蘑菇（切半）……………………200g
咖哩葉（可省略）………………… 20-25片

## 【準備】

將雞肉、醃料、粉狀香料放入碗中，充分
拌勻，醃製約30分鐘（可以的話醃製一
晚）。

## 【作法】

將油、完整香料、洋蔥放入鍋中，加入醃
製好的雞肉和醃料，加入其他材料攪拌均
勻，蓋上鍋蓋，燉煮30分鐘。

燉煮前／**1,130g**

完成／**893g**

香料配方

特殊綜合香料

香料五角香氣圖

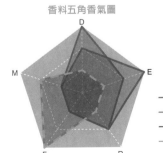

—— 孜然
—— 芫荽
—— 黑胡椒
—— 茴香

燉煮的翻頁漫畫

# 甜辣豬肉咖哩

印度果阿（Goa）著名的酸辣豬肉咖哩（Pork Vindaloo，別名溫達盧咖哩），據說還有受到葡萄牙料理的影響。甜、酸、辣的風味，忙碌卻令人上癮。

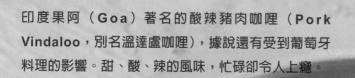

## 如果想要動手做

將油和完整香料放入鍋中，拌炒至紅辣椒變黑色。加入醃製好的豬肉和醃料，拌炒至豬肉表面全部上色。加入醋和水燉煮，拌入葛拉姆馬薩拉混合均勻。

## ▶ 應用模式A：全部攪拌均勻

【材料】4人份

植物油 ·······························3大匙

完整香料

　● 紅辣椒（剖半）···················· 4根

豬梅花肉（切成一口大小）···········500g

醃料

　● 洋蔥（泥狀）···········小型 ½ 顆（100g）

　● 大蒜（泥狀）······················ 2片

　● 生薑（泥狀）······················ 2片

　● 鹽···························1小匙（滿匙）

　● 砂糖····························2小匙

粉狀香料／未來感綜合香料

　● 孜然····························4小匙

　● 葫蘆巴·························1½小匙

　● 芥末··························1½小匙

　● 紅辣椒·························1小匙

葛拉姆馬薩拉（可省略）···············1小匙

巴薩米克醋·······················3大匙

水·····························250ml

【準備】

將豬肉、醃料、粉狀香料混合均勻，醃製
約30分鐘（可以的話醃製一晚）。

【作法】

將油和完整香料放入鍋中，加入醃製好的
豬肉、醃料和其他材料，攪拌均勻，蓋上
鍋蓋，以中小火燉煮15分鐘，轉成微火煨
煮45分鐘。

燉煮前／**1,005g**

完成／**863g**

香料配方

未來感綜合香料

香料五角香氣圖

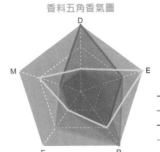

—— 孜然
—— 葫蘆巴
—— 芥末
—— 紅辣椒

燉煮的翻頁漫畫

# 牙買加羊肉咖哩

「山羊肉咖哩」在牙買加很受歡迎，我在當地學習了它的作法，幾乎是放手做就能完成。很適合搭配米飯。

## 如果想要動手做

將水和油以外的所有材料放入碗中，混合均勻（醃製）。於鍋中熱油，加入醃製好的材料，拌炒至羊肉表面全部上色。加水煮滾至冒泡，蓋上鍋蓋燉煮。

094

▶ ## 應用模式A：全部攪拌均勻

【材料】4人份

植物油 ……………………………………3大匙
青蔥（縱向對切、切成寬度5mm蔥花）……
　2根（100g）
洋蔥（切絲）………………小型½顆（100g）
羊肉（帶骨，切成一口大小，可使用其他
　肉類）……………………………………500g
粉狀香料／永恆綜合香料
　● 芫荽 ……………………………………5小匙
　● 小荳蔻 …………………………………1小匙
　● 紅辣椒 …………………………………1小匙
　● 薑黃 ……………………………………1小匙
鹽 …………………………………1小匙（滿匙）
甜辣醬 ……………………………………2小匙
紅椒（滾刀切小塊）………大型½顆（100g）
百里香 ……………………………………適量
水………………………………………300ml

【準備】
將水以外的所有材料放入鍋中，攪拌均
勻，醃製30分鐘。

【作法】
將材料放入鍋中注水，蓋上鍋蓋，以中小
火燉煮15分鐘，轉成微火煨煮45分鐘。

燉煮前／**1,085g**

完成／**891g**

香料配方

永恆綜合香料

香料五角香氣圖

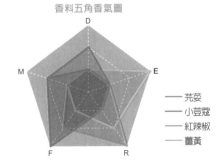

—— 芫荽
—— 小荳蔻
—— 紅辣椒
—— 薑黃

燉煮的翻頁漫畫

# 異國風雞肉咖哩

將魚露加入印度風味雞肉咖哩是我的
提味秘訣。莫名地很有異國風情，
非常美味。

## 如果想要動手做

於鍋中熱油，放入完整香料、大蒜、生
薑、洋蔥拌炒。接著加入雞肉和粉狀香
料，拌炒至香氣釋出，加入剩餘所有材
料，燉煮至肉質柔軟即可。

# ▶ 應用模式B：大火煮滾後蓋上鍋蓋

【材料】4人份

植物油‥‥‥‥‥‥‥‥‥‥‥‥‥‥3大匙

完整香料

● 孜然籽‥‥‥‥‥‥‥‥‥‥‥‥1小匙

● 芥末‥‥‥‥‥‥‥‥‥‥‥‥‥½小匙

● 咖哩葉（可省略）‥‥‥‥‥‥ 25片

大蒜（拍扁）‥‥‥‥‥‥‥‥‥‥1片

生薑（切絲）‥‥‥‥‥‥‥‥‥‥2片

洋蔥（切成扇形薄片）‥‥‥ 小型1顆（200g）

雞翅（切去尖端）‥‥‥‥‥‥‥400g

粉狀香料／普通綜合香料

● 芫荽‥‥‥‥‥‥‥‥‥‥‥‥4小匙

● 紅椒粉‥‥‥‥‥‥‥‥‥‥‥2小匙

● 薑黃‥‥‥‥‥‥‥‥‥‥‥1½小匙

● 紅辣椒‥‥‥‥‥‥‥‥‥‥‥½小匙

鹽‥‥‥‥‥‥‥‥‥‥‥‥‥‥‥½小匙

白蘿蔔（滾刀切薄片）‥‥‥‥‥200g

乾干貝‥‥‥‥‥‥‥‥‥‥4顆（10g）

魚露‥‥‥‥‥‥‥‥‥‥‥‥‥‥1大匙

水‥‥‥‥‥‥‥‥‥‥‥‥‥‥250ml

【作法】

將所有材料依序放入鍋中，以大火煮滾，
蓋上鍋蓋，以小火燉煮45分鐘。

燉煮前／**1,135g**

完成／**861g**

香料配方

普通綜合香料

香料五角香氣圖

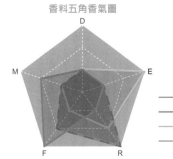

── 芫荽
── 紅椒粉
── 薑黃
── 紅辣椒

燉煮的翻頁漫畫

# 鮭魚醃菜咖哩

印度有種醃漬物叫做「阿渣」（Achar）。帶有鹹辣味和油脂，酸度適中，很適合提味。搭配肉類和魚類都很合適。

## 如果想要動手做

於鍋中熱油，拌炒洋蔥絲，加入泥狀洋蔥、大蒜、生薑拌炒。將粉狀香料充分混合，加入鮭魚以外的所有材料，煮至沸騰，放入鮭魚煮熟即可。

# ▶ 應用模式B：大火煮滾後蓋上鍋蓋

【材料】4人份

| | |
|---|---|
| 植物油（或芥末油）| 3大匙 |
| 洋蔥（切絲）| 小型1顆（100g）|
| 洋蔥（泥狀）| 小型 ½ 顆（50g）|
| 大蒜（泥狀）| 1片 |
| 生薑（泥狀）| 1片 |

粉狀香料／感性綜合香料

| | |
|---|---|
| ● 芫荽 | 4小匙 |
| ● 小荳蔻 | 2小匙 |
| ● 茴香 | 1½ 小匙 |
| ● 紅椒粉 | ½ 小匙 |
| 鹽 | ½ 小匙 |
| 印度綜合蔬果醃漬物（Mixed Achar）| 1大匙 |
| 水 | 250ml |
| 椰奶 | 50ml |
| 鮭魚（魚塊，切成一口大小）| 400g |

【作法】

將所有材料依序放入鍋中，以大火煮滾，蓋上鍋蓋，以小火燉煮15分鐘。

燉煮前／**1,000g**

完成／**840g**

香料配方

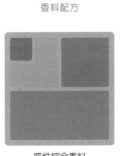

感性綜合香料

香料五角香氣圖

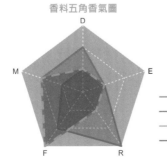

── 芫荽
── 小荳蔻
── 茴香
── 紅椒粉

燉煮的翻頁漫畫

# 塔吉風蔬菜咖哩

當我造訪摩洛哥的時候，無論到哪都要吃塔吉鍋料理。這絕對是燉煮料理。蔬菜和香料的搭配非常好。

## 如果想要動手做

於鍋中熱油，放入醃製好的雞肉和醃料，拌炒至雞肉表面全部上色。加入其他所有材料，煮滾至冒泡。蓋上鍋蓋，以小火將所有材料煮熟即可。

▶ 應用模式**B**：大火煮滾後蓋上鍋蓋

【材料】4人份

植物油 ······················3大匙
雞腿肉（切成一小口大小）·········200g
醃料
　● 大蒜（切末）···············1片
　● 生薑（泥狀）···············1片
　● 鹽···················1小匙（滿匙）
　● 巴西里（切碎）···············適量
粉狀香料／懷舊綜合香料
　● 孜然 ·····················4小匙
　● 葫蘆巴 ··················1½小匙
　● 薑黃 ····················1½小匙
　● 黑胡椒 ···················1小匙
洋蔥酥 ·····················30g
胡蘿蔔（滾刀切薄片）········1根（100g）
馬鈴薯（滾刀切薄片）········1顆（150g）
櫛瓜（滾刀塊）·············1根（100g）
番茄（切塊）············大型1顆（200g）
檸檬（切厚圓片）···············1片
番紅花（可省略）··············1小撮
雞骨高湯（沒有可用水）·········200ml
月桂葉 ·····················1片

【準備】
將雞肉、醃料、粉狀香料混合均勻，醃製
約30分鐘。

【作法】
將所有材料由上而下依序放入鍋中，以大
火煮滾，蓋上鍋蓋，以小火燉煮45分鐘。

燉煮前／**1,210g**

完成／**860g**

香料配方

懷舊綜合香料

香料五角香氣圖

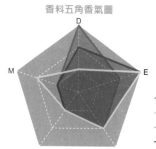

—— 孜然
—— 葫蘆巴
—— 薑黃
—— 黑胡椒

燉煮的翻頁漫畫

101

# 香辣扁豆咖哩

將據說源於美國德州的「辣肉醬」（chilli con carne）製成微辣的咖哩。這道料理濃郁的孜然香氣與絞肉和扁豆很適合。

## 如果想要動手做

於鍋中熱油，放入大蒜、洋蔥、芹菜，拌炒至全部呈淺棕色。加入絞肉、粉狀香料、鹽，拌炒至絞肉熟透。加入所有剩餘材料，煮至沸騰，蓋上鍋蓋燉煮。

# ▶ 應用模式B：大火煮滾後蓋上鍋蓋

## 【材料】4人份

| | |
|---|---|
| 植物油 | 3大匙 |
| 大蒜（切碎） | 1片 |
| 洋蔥（切碎） | 小型½顆（100g） |
| 芹菜（切碎） | ½根 |
| 牛絞肉（粗絞） | 150g |

粉狀香料／未來感綜合香料
- 孜然 ……4小匙
- 葫蘆巴 ……1½小匙
- 芥末 ……1½小匙
- 紅辣椒 ……1小匙

| | |
|---|---|
| 鹽 | 1小匙（滿匙） |
| 番茄糊 | 4大匙 |
| 罐頭黑豆（或綠豆‧含湯汁） | 400g |
| 水 | 100ml |
| 啤酒 | 100ml |
| 青椒（切碎） | 2顆（50g） |
| 月桂葉 | 1片 |

## 【作法】

將所有材料由上而下依序放入鍋中，以大火煮滾，蓋上鍋蓋，以小火燉煮45分鐘。

燉煮前／**1,000g**

完成／**881g**

香料配方

未來感綜合香料

香料五角香氣圖

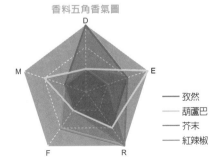

—— 孜然
—— 葫蘆巴
—— 芥末
—— 紅辣椒

燉煮的翻頁漫畫

103

# 斯里蘭卡雞肉咖哩

斯里蘭卡風格的咖哩或許可以說是放手做咖哩的
大本營（？）。焙煎咖哩粉的香氣是重點。

## 如果想要動手做

將油和完整香料放入鍋中加熱，加入
大蒜、生薑、洋蔥拌炒。加入雞肉和
粉狀香料拌炒，充分混合番茄糊和咖
哩粉，加入其他材料燉煮即可。

## ▶ 應用模式C：蓋上鍋蓋燜煮後加水

**【材料】4人份**

植物油 ……………………………………3大匙
完整香料
　● 芥末……………………………………½小匙
　● 孜然……………………………………½小匙
　● 咖哩葉（可省略）………………… 20-25片
大蒜（切碎）………………………………1片
生薑（切碎）………………………………1片
洋蔥（切塊）…………………… ½顆（125g）
番茄糊 ……………………………… 2大匙（30g）
雞腿肉（切成一口大小）………………500g
粉狀香料／當代綜合香料
　● 孜然……………………………………4小匙
　● 小荳蔻…………………………………2小匙
　● 芥末……………………………………1小匙
　● 薑黃……………………………………1小匙
焙煎咖哩粉 ………………………………2小匙
鹽…………………………………1小匙（滿匙）
香蘭葉 ……………………………………適量
雞骨高湯（沒有可用水）……………250ml
椰奶………………………………………100ml

**【作法】**
將高湯和椰奶以外的所有材料，由上而下
依序放入鍋中，蓋上鍋蓋，以中火燜煮。
打開鍋蓋，注入高湯和椰奶煮滾，蓋上鍋
蓋，以微火煨煮15分鐘。

燉煮前／**1,015g**

完成／**936g**

香料配方

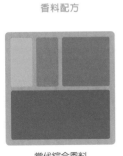

當代綜合香料

香料五角香氣圖

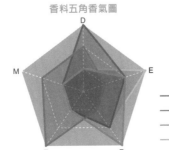

—— 孜然
—— 小荳蔻
—— 芥末
—— 薑黃

燉煮的翻頁漫畫

# 蛤蜊豬肉咖哩

肉類、海鮮類、蔬菜全部一起。我去葡萄牙的時候,對於阿連特茹(Alentejo)自由的燉煮風格感到印象深刻。因此,我也想用咖哩嘗試看看。

### 如果想要動手做

於鍋中加熱橄欖油,放入洋蔥拌炒,加入大蒜和紅椒拌炒。加入豬肉、粉狀香料、鹽拌炒。倒入白葡萄酒煮至沸騰,接著加入其他所有材料煮至沸騰,蓋上鍋蓋燉煮。

# ▶ 應用模式C：蓋上鍋蓋燜煮後加水

## 【材料】4人份

橄欖油 ·······················3大匙
大蒜（泥狀）·······················1片
紅椒（泥狀）·············· ½顆（60g）
洋蔥（切成扇形）········· 1顆（250g）
豬五花肉（切片）·················150g
粉狀香料／標準綜合香料
● 芫荽 ·····················3小匙
● 孜然 ·····················3小匙
● 紅椒粉 ···················1小匙
● 薑黃 ·····················1小匙
鹽 ···························1小匙
鯷魚 ······················4條（10g）
馬鈴薯（切成一小口大小）······ 2顆（300g）
蛤蜊（水煮・含湯汁）······ 1罐（130g）
檸檬 ···························½顆
香菜（略切）·······················1把
白葡萄酒 ·······················100ml
水 ···························200ml

## 【作法】

將白葡萄酒和水以外的所有材料，由上而
下依序放入鍋中，蓋上鍋蓋，以中火燜
煮。打開鍋蓋，倒入白葡萄酒和水煮滾，
蓋上鍋蓋，以微火煨煮30分鐘。

燉煮前／**1,116g**

完成／**892g**

香料配方

標準綜合香料

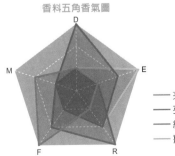

香料五角香氣圖

D
M    E
F    R

── 芫荽
── 孜然
── 紅椒粉
── 薑黃

燉煮的翻頁漫畫

# 舞菇紅酒咖哩

牛肉和菇類本來就很速配，加入紅酒後變得更強
大。這款咖哩以孜然香氣作為基調。

### 如果想要動手做

於鍋中熱油，加入大蒜和芹菜快速拌炒。
加入牛肉、粉狀香料和鹽，拌炒至牛肉表
面全部上色。倒入紅葡萄酒，煮滾至冒
泡，加入其他所有材料，燉煮至肉質軟化。

# ▶ 應用模式C：蓋上鍋蓋燜煮後加水

## 【材料】4人份

植物油 ·····································3大匙
大蒜（拍扁）··························· 1片
洋蔥酥 ·································30g
芹菜（切碎）······················· ⅓根（30g）
粉狀香料／邏輯綜合香料
　● 孜然 ································3小匙
　● 小荳蔻 ···························2小匙
　● 紅椒粉 ························ 1½小匙
　● 薑黃 ··························· 1½小匙
鹽 ································· 1小匙（滿匙）
牛肩胛肉（切小塊）·····················150g
馬鈴薯（滾刀塊）··········· 小型2顆（350g）
舞菇（分成小朵）····················· 2包（200g）
百里香 ································· 適量
紅葡萄酒································150ml
雞骨高湯（沒有可用水）·················100ml

## 【作法】

將紅葡萄酒和高湯以外的所有材料，由上
而下依序放入鍋中，蓋上鍋蓋，以中火燜
煮。打開鍋蓋，加入紅葡萄酒和高湯，煮
至沸騰，蓋上鍋蓋，以小火燉煮約30分鐘。

燉煮前／**1,102g**

完成／**852g**

香料配方

邏輯綜合香料

香料五角香氣圖

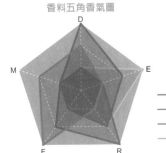

D
M　　　　E
F　　　　R

―― 孜然
―― 小荳蔻
―― 紅椒粉
―― 薑黃

燉煮的翻頁漫畫

# 咕滋咕滋雞肉咖哩

燉煮柔軟的雞肉和香料結合，形成特殊的口感與風味。我在無敵軟嫩、入口即化、慢燉細煮等詞彙之間煩惱，最後決定以燉煮的聲音「咕滋咕滋」來命名。

| 如果想要動手做 |

將油和完整香料放入鍋中加熱，加入洋蔥炒至淺棕色，加入大蒜、生薑、番茄、粉狀香料、鹽拌炒。加入其他所有材料，蓋上鍋蓋，燉煮至收汁。

# ▶ 應用模式D：燉煮後期打開鍋蓋收汁

【材料】4人份

植物油 ……………………………………4大匙

完整香料

● 芫荽 ……………………………………2小匙

洋蔥（切絲）………………………… ½顆（125g）

大蒜（泥狀）……………………………… 1片

生薑（泥狀）……………………………… 1片

番茄（切成大塊）……………………… 1顆（200g）

粉狀香料／懷舊綜合香料

● 孜然 ……………………………………4小匙

● 葫蘆巴 ………………………………1½小匙

● 薑黃 …………………………………1½小匙

● 黑胡椒 …………………………………1小匙

鹽 …………………………………………½小匙

醬油 …………………………………… 1大匙（滿匙）

雞中翅 …………………………………200g

鷹嘴豆（含湯汁）……………………… 1罐（400g）

水 ………………………………………100ml

【作法】

將所有材料由上而下依序放入鍋中，蓋上
鍋蓋，以中小火燉煮45分鐘。打開鍋蓋、
加強火力，將所有材料攪拌均勻，燉煮收
汁5分鐘。

燉煮前／**1,145g**

完成／**804g**

香料配方

懷舊綜合香料

香料五角香氣圖

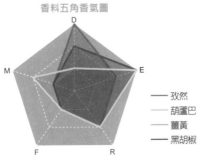

── 孜然
── 葫蘆巴
── 薑黃
── 黑胡椒

# 青豆肉末乾咖哩

印度的「青豆絞肉咖哩」（**Keema Matar**）加入大量時令青豆。感覺是為了讓豆子變美味才做成咖哩。

## 如果想要動手做

將油和完整香料放入鍋中加熱，加入洋蔥炒至淺棕色，加入大蒜和生薑拌炒，加入粉狀香料、椰子粉和鹽拌炒。加入所有剩餘材料，煮至收汁。

# ▶ 應用模式D：燉煮後期打開鍋蓋收汁

## 【材料】4人份

植物油 ……………………………………3大匙

完整香料

● 芥末籽 …………………………………1小匙

● 紅辣椒 ……………………………………2根

洋蔥（切成2cm丁狀）…… 小型1顆（200g）

鹽……………………………………1小匙（滿匙）

大蒜（泥狀）……………………………1大片

生薑（泥狀）……………………………1大片

椰子粉 ………………………………………15g

粉狀香料／永恆綜合香料

● 芫荽 ………………………………………5小匙

● 小荳蔻 ……………………………………1小匙

● 紅辣椒 ……………………………………1小匙

● 薑黃 ………………………………………1小匙

雞腿絞肉………………………………………200g

豬絞肉 …………………………………………200g

青豆（水煮）……………………………………60g

四季豆（切成1公分寬）……… 20根（100g）

毛豆 …………………………………………100g

水………………………………………………150ml

燉煮前／**1,137g**

完成／**851g**

## 【作法】

將所有材料由上而下依序放入鍋中，蓋上鍋蓋，以微火煨煮約30分鐘。打開鍋蓋，加強火力，將所有材料攪拌均勻，燉煮收汁。

香料配方

永恆綜合香料

香料五角香氣圖

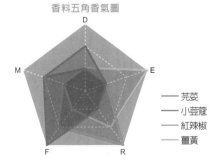

── 芫荽
── 小荳蔻
── 紅辣椒
── 薑黃

燉煮的翻頁漫畫

# 胡椒牛肉咖哩

基本上胡椒是不適合長時間加熱的香料，不過這
款味道豐富的咖哩可以破除這個理論。只要好吃
就行。

## 如果想要動手做

將油和完整香料放入鍋中加熱，加入洋蔥
炒至淺棕色。加入大蒜和生薑拌炒，加入
水以外的所有材料，拌炒至牛肉表面全部
上色。注水煮至沸騰，繼續燉煮。

# ▶ 應用模式D：燉煮後期打開鍋蓋收汁

燉煮前／**1,340g**

【材料】4人份

植物油 ……………………………… 3大匙

完整香料

● 小荳蔻 ……………………………… 4粒

● 丁香 ……………………………… 6粒

● 肉桂 ……………………………… ½根

洋蔥（切成扇形）………… 大型½顆（150g）

大蒜（泥狀）……………………… 1大片

生薑（泥狀）……………………… 2片

番茄糊 ……………………………… 3大匙

粉狀香料／特殊綜合香料

● 孜然 ……………………………… 3小匙

● 芫荽 ……………………………… 2小匙

● 黑胡椒 …………………………… 1½小匙

● 茴香 ……………………………… 1½小匙

鹽 ………………………… 1小匙（滿匙）

牛五花肉（切成一小口大小）……… 600g

水 ………………………………… 400ml

羅勒（略切）……………………… 適量

【作法】

將所有材料由上而下依序放入鍋中，蓋上鍋蓋，以微火煨煮60分鐘。打開鍋蓋，加強火力，將所有材料攪拌均勻，燉煮收汁。

完成／**746g**

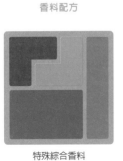

香料配方

特殊綜合香料

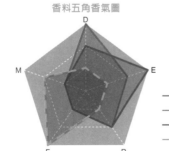

香料五角香氣圖

D
M
E
F
R

—— 孜然
—— 芫荽
—— 黑胡椒
—— 茴香

燉煮的翻頁漫畫

# 紅腰豆奶油咖哩

這款咖哩是根據印度的「黑扁豆咖哩」（Dal Makhani，以乳製品為主體）製成的豆類料理，帶有清爽的風味和宜人香氣。

## 如果想要動手做

於鍋中加熱印度酥油（Ghee），加入洋蔥拌炒，加入大蒜和生薑拌炒。放入番茄將水分炒乾，加入粉狀香料和鹽混合均勻。加入其他所有材料煮至沸騰，繼續燉煮。

## ▶ 應用模式E：拌入蔬菜或香草收尾

【材料】4人份

印度酥油（或奶油）⋯⋯⋯⋯⋯⋯⋯⋯50g
洋蔥（切碎）⋯⋯⋯⋯⋯⋯小型1顆（200g）
大蒜（泥狀）⋯⋯⋯⋯⋯⋯⋯⋯⋯1片
生薑（泥狀）⋯⋯⋯⋯⋯⋯⋯⋯⋯1片
番茄（切塊）⋯⋯⋯⋯⋯⋯1顆（200g）
粉狀香料／感性綜合香料
　●芫荽⋯⋯⋯⋯⋯⋯⋯⋯⋯⋯4小匙
　●小荳蔻⋯⋯⋯⋯⋯⋯⋯⋯⋯2小匙
　●茴香⋯⋯⋯⋯⋯⋯⋯⋯⋯1½小匙
　●紅椒粉⋯⋯⋯⋯⋯⋯⋯⋯⋯½小匙
鹽⋯⋯⋯⋯⋯⋯⋯⋯⋯⋯⋯⋯½小匙
印度蔬果醃漬物（Achar）⋯⋯⋯⋯1大匙
紅腰豆（水煮·含湯汁）⋯⋯⋯⋯⋯400g
砂糖⋯⋯⋯⋯⋯⋯⋯⋯⋯⋯⋯2小匙
收尾用
　●鮮奶油⋯⋯⋯⋯⋯⋯⋯⋯⋯100ml
　●葫蘆巴葉⋯⋯⋯⋯⋯⋯⋯⋯適量

【作法】

將收尾用以外的所有材料，由上而下依序放入鍋中，蓋上鍋蓋，以中小火燉煮30分鐘。打開鍋蓋，加入鮮奶油和葫蘆巴葉攪拌均勻。

燉煮前／**940g**

完成／**846g**

香料配方

感性綜合香料

香料五角香氣圖

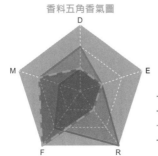

―― 芫荽
―― 小荳蔻
―― 茴香
―― 紅椒粉

燉煮的翻頁漫畫

# 七種蔬菜咖哩

總歸來說，我認為孜然是最適合蔬菜和豆類的香料。這款咖哩使用高孜然含量的配方帶出大量蔬菜風味。

## 如果想要動手做

於鍋中加熱橄欖油，放入馬鈴薯、胡蘿蔔和南瓜拌炒，加入蕪菁和櫛瓜拌炒。加入粉狀香料和鹽拌炒，加入番茄拌炒，加入其他所有材料煮至沸騰，繼續燉煮。

## ▶ 應用模式E：拌入蔬菜或香草收尾

【材料】4人份

橄欖油 ………………………………… 4大匙
洋蔥酥 ………………………………… 30g
粉狀香料／當代綜合香料
 ● 孜然 ……………………………… 4小匙
 ● 小荳蔻 …………………………… 2小匙
 ● 芥末 ……………………………… 1小匙
 ● 薑黃 ……………………………… 1小匙
鹽 ……………………………… 1小匙（滿匙）
蕪菁（滾刀塊）……………… 大型2顆（100g）
馬鈴薯（滾刀塊）…………… 小型1顆（100g）
胡蘿蔔（滾刀塊）…………… 小型1根（100g）
櫛瓜（滾刀塊）……………… 1根（100g）
番茄（切成2cm丁狀）……… 2顆（300g）
南瓜（滾刀塊）……………… 小型⅛顆（100g）
雞骨高湯（沒有可用水）…………… 150ml
番紅花（可省略）…………………… 1小撮
收尾用
 ● 葡萄乾 ………………… 15粒（16g）
 ● 黑橄欖 ………………… 12顆（36g）

【作法】
將收尾用以外的所有材料，由上而下依序
放入鍋中，蓋上鍋蓋，以小火燉煮30分
鐘。打開鍋蓋，加入葡萄乾和黑橄欖攪拌
均勻。

燉煮前／**1,179g**

完成／**908g**

香料配方

當代綜合香料

香料五角香氣圖

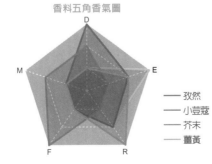

—— 孜然
—— 小荳蔻
—— 芥末
—— 薑黃

燉煮的翻頁漫畫

# 蔬菜燉肉紅咖哩

雖然類似燉肉的組合，但是加入甜菜和酸奶油也
有點像羅宋湯。不過，香料良好地發揮作用，最
後形成咖哩。

### 如果想要動手做

將油和香腸放入鍋中，蓋上鍋蓋，開火。
燜煮狀態可以使香腸表面微焦，打開鍋
蓋，放入馬鈴薯和粉狀香料混合，加入收
尾用之外的所有材料燉煮。

# ▶ 應用模式E：拌入蔬菜或香草收尾

【材料】4人份

植物油 ……………………………………1大匙

香腸（切成2cm寬）……… 大型3條（180g）

粉狀香料／戲劇性綜合香料

　● 芫荽 …………………………………4小匙

　● 黑胡椒 ……………………………1½小匙

　● 紅辣椒 ……………………………1½小匙

　● 葫蘆巴 ………………………………1小匙

鹽 ……………………………1小匙（滿匙）

砂糖 ………………………………………1小匙

乾干貝 ……………………………4顆（10g）

甜菜（滾刀切薄片）……………½罐（200g）

馬鈴薯（滾刀塊）………………½顆（100g）

雞骨高湯（沒有可用水）………………300ml

高麗菜（撕成適當大小）……… ¼顆（200g）

收尾用

　● 奶油 ……………………………………30g

　● 酸奶油 …………………………………45g

　● 蒔蘿 …………………………………適量

【作法】

將收尾用以外的所有材料，由上而下依序
放入鍋中，蓋上鍋蓋，以中小火燉煮30
分鐘。打開鍋蓋，加入奶油、酸奶油、蒔
蘿，攪拌均勻。

燉煮前／**1,116g**

完成／**852g**

香料配方

戲劇性綜合香料

香料五角香氣圖

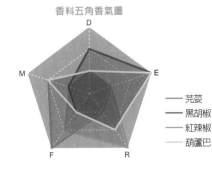

—— 芫荽
—— 黑胡椒
—— 紅辣椒
—— 葫蘆巴

燉煮的翻頁漫畫

# 無水烤雞咖哩

這款咖哩沒有加水。使用大量優格和番茄當作咖哩鮮味的基底，以釋出的水分燉煮雞肉。

## 如果想要動手做

於鍋中熱油，放入洋蔥炒至稍微上色。加入大蒜和生薑拌炒，加入雞肉炒至表面全部上色。拌入粉狀香料，加入其他所有材料，蓋上鍋蓋燉煮。

## ▶ 應用模式F：唯獨炒洋蔥要努力

【材料】4人份

植物油 ······3大匙
洋蔥（切碎）······大型1顆（300g）
雞腿肉（切成一口大小）······500g
醃料
● 無糖原味優格 ······100g
● 鹽 ······1小匙（滿匙）
● 大蒜（泥狀）······1片
● 生薑（泥狀）······1片
● 焙煎咖哩粉 ······1小匙（滿匙）
粉狀香料／邏輯綜合香料
● 孜然 ······3小匙
● 小荳蔻 ······2小匙
● 紅椒粉 ······1½小匙
● 薑黃 ······1½小匙
番茄（切塊）······2顆（400g）

【準備】
將雞腿肉、醃料、粉狀香料拌均，醃製約
30分鐘（可以的話醃製一晚）。

【作法】
於鍋中熱油，放入洋蔥以中大火炒至淺棕
色。將其他材料由上而下依序加入鍋中，
蓋上鍋蓋，以中小火燉煮45分鐘。

燉煮前／**1,184g**

完成／**883g**

香料配方

邏輯綜合香料

香料五角香氣圖

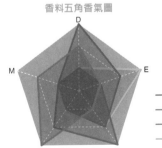

—— 孜然
—— 小荳蔻
—— 紅椒粉
—— 薑黃

燉煮的翻頁漫畫

# 鱈魚黃咖哩

泰式黃咖哩可以使用咖哩粉製作。這款綜合香料令人想起復古的咖哩粉，使清淡的白肉魚富含風味。

## 如果想要動手做

於鍋中熱油，放入洋蔥炒至棕色（茶色）。加入大蒜、生薑、粉狀香料快速拌炒，加入其他所有材料燉煮。鱈魚和蝦子最後再放也可以。

## ▶ 應用模式F：唯獨炒洋蔥要努力

【材料】4人份

植物油 ……………………………3大匙

洋蔥（切絲）…………………1顆（250g）

蝦子（可以的話選擇含蝦頭・清除背部腸
　泥）……………………………4隻（150g）

鱈魚（切成一口大小）………………300g

醃料

　● 檸檬汁 ……………………………… ½ 顆

　● 鹽 ………………………………½ 小匙

　● 大蒜（泥狀）……………………… 1片

　● 生薑（泥狀）……………………… 1片

粉狀香料／懷舊綜合香料

　● 孜然 ………………………………4小匙

　● 葫蘆巴 ……………………………1½ 小匙

　● 薑黃 ………………………………1½ 小匙

　● 黑胡椒 ……………………………1小匙

魚露 …………………………………2大匙

砂糖 …………………………………2小匙

椰奶 …………………………………100ml

水 ……………………………………250ml

檸檬葉（可省略）……………………適量

【準備】

將鱈魚和醃料充分混合，醃製約30分鐘。

【作法】

於鍋中熱油，放入洋蔥以中大火炒至淺棕
色。將其他材料由上而下依序加入鍋中，
蓋上鍋蓋，燉煮20分鐘。

燉煮前／**1,007g**

完成／**829g**

香料配方

懷舊綜合香料

香料五角香氣圖

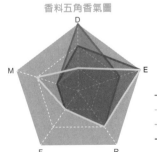

—— 孜然
—— 葫蘆巴
—— 薑黃
—— 黑胡椒

燉煮的翻頁漫畫

CHAPTER 4 ── 放手做咖哩應用篇

# 花椰菜羅勒咖哩

培根的煙燻味和花椰菜很契合。為了避免相形失色，使用含有孜然的香料配方與羅勒提香。

## 如果想要動手做

將油和完整香料放入鍋中加熱，加入洋蔥炒至淺棕色。加入粉狀香料快速拌炒，加入鮮奶油以外的所有材料燉煮。倒入鮮奶油，快速加熱。

## 應用模式F：唯獨炒洋蔥要努力

【材料】4人份

橄欖油 ……………………………………… 3大匙

洋蔥（切碎）……………………… 1顆（250g）

完整香料

● 孜然 ……………………………………… 1小匙

煙燻培根（切片‧切成5公分寬）…… 100g

花椰菜（分成小朵）……………… ½顆（350g）

粉狀香料／未來感綜合香料

● 孜然 ……………………………………… 2小匙

● 葫蘆巴 …………………………………… 1小匙

● 芥末 ……………………………………… 1小匙

● 紅辣椒 ………………………………… ½小匙

鹽 …………………………………… 1小匙（滿匙）

蔬菜泥

● 甜羅勒 ………………………………… 2包（40g）

● 芹菜 …………………………………… ¼根（50g）

雞骨高湯（沒有可用水）…………… 250ml

鮮奶油 ……………………………………… 50ml

迷迭香 ……………………………………… 2根

燉煮前／**982g**

完成／**867g**

【準備】

使用果汁機將羅勒、芹菜、高湯（或是水）打成泥狀。

【作法】

於鍋中熱油，放入洋蔥以中大火炒至淺棕色。將其他材料由上而下依序加入鍋中，蓋上鍋蓋，以中小火燉煮20分鐘。

香料配方

未來感綜合香料

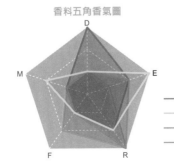

香料五角香氣圖

―― 孜然
―― 葫蘆巴
―― 芥末
―― 紅辣椒

燉煮的翻頁漫畫

# 雞肉湯咖哩（B×E）

我一直很喜歡源自札幌的湯咖哩。所以，我以放手做咖哩重現這份感覺。使用香料和各種秘方成就這款風味。

**如果想要動手做**

於鍋中熱油，放入雞肉炒至表面全部上色。加入大蒜和生薑，炒至香氣釋出。加入粉狀香料充分拌勻。放入其他所有材料，蓋上鍋蓋燉煮。

## ▶ 應用模式G：組合多種模式

【材料】4人份

植物油 ·······························4大匙
洋蔥酥 ·······························30g
大蒜（泥狀）·······················1片
生薑（泥狀）·······················1片
番茄糊 ·······························4大匙
粉狀香料／邏輯綜合香料
　● 孜然 ·······························3小匙
　● 小荳蔻 ·······························2小匙
　● 紅椒粉 ·······························1½小匙
　● 薑黃 ·······························1½小匙
帶骨雞腿肉（從關節處對切）······· 小型4支
　（600g）
胡蘿蔔（滾刀塊，切4等分）······· 小型2根
　（150g）
鹽·······························1小匙（滿匙）
魚露 ·······························1小匙
高湯粉 ·······························¼小匙
砂糖 ·······························1小匙
雞骨高湯 ·······························600ml
乾燥巴西里·······························適量

【作法】
將乾燥巴西里以外的所有材料，由上而下
依序放入鍋中，以大火煮至沸騰。蓋上鍋
蓋，以微火煨煮60分鐘。打開鍋蓋，加入
乾燥巴西里混合均勻。

燉煮前／**1,539g**

完成／**1,222g**

香料配方

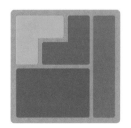

邏輯綜合香料

香料五角香氣圖

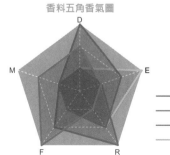

—— 孜然
—— 小荳蔻
—— 紅椒粉
—— 薑黃

燉煮的翻頁漫畫

# 帶骨羊肉咖哩（A╳F）

這裡不是燉煮咖哩，而是以咖哩燉煮的料理。
意味著成品的湯汁較少。參考圖是印度比哈爾
邦（Bihar）的料理，名為「查姆帕蘭羊肉」
（Champaran Mutton）。

## 如果想要動手做

將油和完整香料放入鍋中加熱，加入切
碎洋蔥炒至淺棕色。加入泥狀洋蔥、大
蒜和生薑拌炒，加入水以外的所有材料
拌炒，注水燉煮。

## ▶ 應用模式G：組合多種模式

【材料】4人份

植物油（或芥末油）……………………4大匙
洋蔥（切碎）……………………… ½顆（125g）
洋蔥（泥狀）……………………… ½顆（125g）
完整香料
　● 黑胡椒……………………………2小匙
　● 肉桂………………………………… ½根
大蒜（泥狀）……………………………… 2片
生薑（泥狀）……………………………… 2片
羊肉（可以的話帶骨）………………600g
青辣椒（可省略‧縱向對切）……………2根
粉狀香料／標準綜合香料
　● 芫荽………………………………3小匙
　● 孜然………………………………3小匙
　● 紅椒粉……………………………1小匙
　● 薑黃………………………………1小匙
鹽……………………………1小匙（滿匙）
水……………………………………450ml

【作法】

於鍋中熱油，放入切碎洋蔥炒至淺棕色，
接著加入泥狀洋蔥炒至淺棕色。加入其他
材料充分拌勻，蓋上鍋蓋，以中小火燉煮
45分鐘。

燉煮前／**1,366g**

完成／**810g**

香料配方

標準綜合香料

香料五角香氣圖

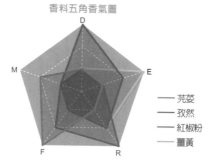

—— 芫荽
—— 孜然
—— 紅椒粉
—— 薑黃

燉煮的翻頁漫畫

# 馬鈴薯秋葵咖哩（C×D）

美國路易斯安納州有一道名為「秋葵濃湯」
（gumbo）的鄉土料理。這道料理以秋葵為主
角，將其收汁做成下飯的咖哩。

### 如果想要動手做

將奶油和完整香料放入鍋中加熱，加入大
蒜、洋蔥和芹菜拌炒，放入青椒、粉狀香料
和鹽拌炒。加入其他所有材料，稍微混合後
煮至沸騰，蓋上鍋蓋，以小火燉煮。

## ▶ 應用模式G：組合多種模式

【材料】4人份

奶油……………………………………50g

完整香料

● 黑胡椒……………………………1小匙

● 孜然………………………………½小匙

大蒜（切碎）………………………… 1片

洋蔥（切碎）……………小型½顆（100g）

芹菜（切碎）………………… ½根（50g）

青椒（切碎）………………… 2顆（45g）

粉狀香料／永恆綜合香料

● 芫荽………………………………5小匙

● 小荳蔻……………………………1小匙

● 紅辣椒……………………………1小匙

● 薑黃………………………………1小匙

鹽…………………………… 1小匙（滿匙）

馬鈴薯（切成1cm丁狀）…小型1顆（100g）

胡蘿蔔（切成1cm丁狀）…小型½根（100g）

秋葵（切成1cm寬）……………30根（200g）

蛤蜊（水煮・含湯汁）………… 1罐（130g）

乾燥羅勒……………………………少許

雞骨高湯………………………………250ml

【作法】

將高湯以外的所有材料，由上而下依序放入鍋中，蓋上鍋蓋燜煮。打開鍋蓋，注入高湯，再次蓋上鍋蓋，以中小火燉煮15分鐘。打開鍋蓋，加強火力煮至收汁。

燉煮前／**1,060g**

完成／**770g**

香料配方

永恆綜合香料

香料五角香氣圖

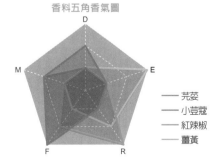

—— 芫荽
—— 小荳蔻
—— 紅辣椒
—— 薑黃

燉煮的翻頁漫畫

# 雞肉香飯

採用印度稱作「Pakki式」的手法，當咖哩做好後，加入預煮的米進行烹調。以番茄為基底的豐富鮮味和油脂，讓這道料理充滿魅力。

### 如果想要動手做

於鍋中加熱印度酥油，放入大蒜、生薑、雞肉拌炒。加入粉狀香料和鹽繼續拌炒，加入米以外的所有材料燉煮。當雞肉煮至軟化，加入預煮的米煮成香飯。

## ▶ 應用模式H：最後放上米飯炊煮

【材料】4人份

印度酥油（或奶油）…………………………………… 60g

洋蔥酥 ……………………………………………………… 30g

大蒜（泥狀）………………………………………………2片

生薑（泥狀）………………………………………………2片

帶骨雞腿肉（切大塊）…………………………………500g

粉狀香料／標準綜合香料

● 芫荽……………………………………………… 3小匙

● 孜然……………………………………………… 3小匙

● 紅椒粉………………………………………………… 1小匙

● 薑黃……………………………………………… 1小匙

鹽……………………………………………………1½小匙

番茄糊 …………………………………………………… 3大匙

香菜（略切）……………………………………………適量

薄荷（略切）……………………………………………適量

水 ………………………………………………… 300ml

印度香飯（biryani）

● 印度香米/巴斯馬提米 …………………………300g

● 煮米水 …………………………………………1500ml

● 鹽………………………………………………… 15g

【準備】

將米洗淨，於足量水中浸泡20分鐘，以篩網瀝乾。

【作法】

將印度香飯以外的所有材料，由上而下依序放入鍋中，蓋上鍋蓋，以中小火燉煮30分鐘。將香米用熱水煮7分鐘，以篩網瀝乾，加入鍋中、蓋上鍋蓋。以大火煮約1分30秒，直到沸騰（釋出大量蒸氣），轉成微火煨煮8分30秒。關火，加蓋燜煮10分鐘。

香料配方

標準綜合香料

香料五角香氣圖

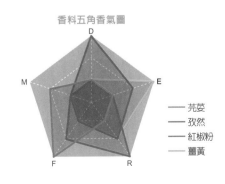

—— 芫荽
—— 孜然
—— 紅椒粉
—— 薑黃

燉煮前／**937g**

燉煮後／**780g**

烹調前／**1,680g**

完成／**1,394g**

135

# 羊肉香飯

採用印度稱作「Kacchi式」的手法，於
優格醃製的羊肉上，加入預煮的米進行烹
調。豐富的乳脂是這道料理的魅力。

## 如果想要動手做

不使用洋蔥酥，於鍋中加熱印度酥
油，將生洋蔥絲（200g）炒至淺棕色
（茶色）。關火，放入醃製好的羊肉稍
微攪拌，加入預煮的米進行烹調。

## ▶ 應用模式H：最後放上米飯炊煮

【材料】4人份

羊肉（去骨・切成一小口大小）……………………450g

醃料

- 優格……………………………………………300g
- 鹽………………………………………………1½小匙
- 大蒜（泥狀）…………………………………2片
- 生薑（泥狀）…………………………………2片

粉狀香料／特殊綜合香料

- 孜然……………………………………………3小匙
- 芫荽……………………………………………2小匙
- 黑胡椒…………………………………………1½小匙
- 茴香……………………………………………1½小匙

印度酥油……………………………………………60g

洋蔥酥………………………………………………30g

香菜…………………………………………………適量

薄荷…………………………………………………適量

印度香飯

- 印度香米/巴斯馬提米…………………………300g
- 煮米水……………………………………………1500ml
- 鹽…………………………………………………15g

【準備】

將羊肉、醃料、粉狀香料充分混合，醃製約30分鐘
（可以的話醃製一晚）。將米洗淨，於足量水中浸泡20
分鐘，以篩網瀝乾。

【作法】

將醃製好的羊肉和醃料放入鍋中，加入洋蔥酥、香菜
和薄荷攪拌。將香米用熱水煮4分鐘，以篩網瀝乾，
放入鍋中、蓋上鍋蓋。以大火煮約3分鐘，直到沸騰
（釋出大量蒸氣），轉成微火煨煮17分鐘。關火，加蓋
燜煮10分鐘。

混合後／**867g**

烹調前／**1,440g**

完成／**1,414g**

香料配方

特殊綜合香料

香料五角香氣圖

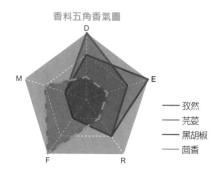

—— 孜然
—— 芫荽
—— 黑胡椒
—— 茴香

# Hands off, 誰為它命名？

IH 爐並列地嵌入觸感良好的吧台，彷彿是月球隕石坑。我挑選一個空位坐下，打開菜單，看到100種雞肉咖哩。這、這個要多少位主廚來製作！？我看著廚房吧台，找不到穿著廚師服的人。

我點了編號77的雞肉咖哩，黑色的小型法式燉鍋（Cocotte）在我面前設置完成，一旁的計時器顯示「60分鐘」。我按下IH爐的開關，開始倒數計時。沒錯，這是沒有主廚的咖哩專門店。不僅不用準備，菜單還可以無限增加。只需要依照計算好的食譜進行設定，便可以提供同樣的風味。店名是「放手做咖哩店」（Hands Off Curry Shop）。開玩笑的，這些目前是妄想的產物。

我是咖哩，還沒有名字。當我想出這個手法的時候，為了名字煩惱不已。不用動手就可以做，因此決定用「放手做」（Hands off）。我竭盡所能地試做，連同「放手做咖哩」的名字分享到網路上。評價很好，但是表達感想的用語卻帶有違和感。「我做了好吃的免手持咖哩（Hands free curry）！」、「那個免手持咖哩很棒呢」。

我開發的不是免手持咖哩，而是放手做咖哩。不過，很多人說成是免手持咖哩。我稍微進行查詢，免手持似乎是手機業創造的詞彙。算了，免手持咖哩也可以，有種莫名的自由感。

我在連載專欄的網站也介紹了使用這個手法的食譜。負責文章上架的編輯在標題寫道：「只要加入材料燉煮！放著不管就會成功的雞肉咖哩」。不、不是，我開發的不是放著不管咖哩，而是放手做咖哩。算了，這樣稱呼似乎很容易理解呢。

「放手做」雖然是我命名的，假如有更好的名字，我認為也很好。使用英文的「Hands off！」來表達，似乎有強烈的口語意義。例如「別碰我的糖果！」（Hands off my candy）。放手做咖哩稍微更緩和，沒有「出手就輸了」或是「碰了會讓美味打折」這種事。如果想要稍微攪拌，只要拿起木鏟，動手做就好。

我查了許多資料，投資界似乎也會使用「hands off」這個詞彙，意指不直接參與管理。相對地，「hands on」是指出手操作、表達意見。目前世界上所有的咖哩專門店是否都是動手做咖哩店呢？放手做咖哩店還不存在，要是有就好了。請誰來開這樣的店吧！

「炒」不過是「煮」的預先演練。

……我亂說的。

水野仁輔

「思考」不過是「行爲」的預先演練。

西格蒙德・佛洛伊德
（Sigmund Freud）

CHAPTER 5

# 放手做咖哩
# 技術篇

# 我與主廚談論燉煮的對話

不久前，我在札幌舉辦料理課程。當時跟湯咖哩店的主廚聊到燉煮，真是非常有意思。
我們從湯咖哩開始聊起……。其中有許多技術可以當作放手做咖哩燉煮時的參考。一起
來腦力激盪吧！

## 燉煮的火候

──所謂的湯咖哩，首先要從「燉煮」的步驟開始對吧？因為必須提取高湯。
沒錯呢。完成之前要經過好幾次的燉煮。最初是燉煮雞腿，其次是炒洋蔥和高湯混合的時候，接著是加入香料燉煮，最後則是雞腿回鍋燉煮。

──燉煮時會不斷調整火候嗎？
這四次燉煮的火候，只有在加入新材料時會重新煮沸，其餘時間幾乎都是中火。最多煮至表面產生鼓動，火候不會比這個更大。

──所以，意味著這種火候能煮出最美味的咖哩？
我認為鍋中產生適當對流，咖哩就會變美味。燉煮時我會確認湯的色澤。從顏色判斷。

──畢竟無法看到鍋中情況，只能看到表面。除非攪拌鍋中的材料，否則無法掌握狀況。
不過，我會經常攪拌鍋中的材料，因為想要盡快提取出鮮味。

──攪拌確實讓人感覺能夠促進鍋中材料與水分的融合。好像也能早點上色。或是說湯汁變得混濁。燉煮時會加鍋蓋嗎？
基本上不會使用鍋蓋。調整火候以及是否加鍋蓋都很難判斷呢。

──即便以小火燉煮，蓋上鍋蓋會使壓力升高，很可能煮至沸騰滾動、超過表面鼓動的程度。
沒錯，這樣或許能夠帶出食材風味，不過食材本身也會變得脆弱。

──雞腿如果散開，湯咖哩就毀了呢。

>> 〈技術1. 火力大小和加熱狀態的表現方式〉，頁146

## 燉煮的溫度

──我曾經在燉煮時測量過溫度，無論煮到什麼程度，溫度幾乎沒有改變。
是這樣嗎！我們只有憑感覺調整，沒有掌握實際的溫度。

──如果要隨時注意溫度，就沒辦法好好燉煮了吧。
雖然不會隨時注意鍋中的溫度，但還是會留意並進行調整。

──什麼樣的調整呢？
將溫度升高或降低。

──使用火候調整嗎？不過，溫度會改變那麼多嗎？就算一下從大火轉成小火，我認為鍋中的溫度不會極端的下降。
不久前低溫烹調法很流行對吧。有種說法是將溫度維持在大約60℃，可以更容易提取出鮮味。若真是如此，希望燉鍋裡的溫度也能維持在60℃左右。

──一旦煮沸，溫度會接近100℃，若能夠反覆進行降溫和加溫，鮮味可能會更容易釋出。
因此，乾脆煮沸後關火，於常溫冷卻靜置約5分鐘。使用這種方式可能會比較好吃。

──原來如此！該不會……。印度料理會在整鍋沸騰的燉肉裡加入生肉。雖然不是刻意的，不過加入生肉的同時，鍋中的溫度也會下降吧。
接著再次緩慢地上升到接近沸騰的程度。

——這種偶然產生的溫度差，結果或許會萃取出食材的美味呢。那麼，湯咖哩的溫度會如何上下調整呢？

持續加熱直到加入香料混合，接著靜置一晚。

——原來如此，常溫冷卻的期間，完整香料的香氣會轉移，味道也會有深度吧。

>>〈技術2. 加熱溫度〉，頁150

## 靜置的效果

根據店家而定，有些會說「燉煮2天」。這種情況會反覆進行「燉煮、靜置」的步驟。

——溫度勢必會在一定區間內徘徊。

因此，對我來說「燉煮」這個步驟不只是「燉煮」，還包含之後「靜置」的整組動作。

——這樣啊，冷卻至常溫狀態才算「燉煮完成」的感覺對吧。

我的店裡初期會在靜置開始的階段加入生雞肉。

——使用餘溫將雞肉煮熟？

經過一晚將雞肉緩慢地煮熟，肉質會非常軟嫩。

——好奢侈啊，真想吃吃看。

不過，雞肉的鮮味有時候會過度釋出，很難控制呢。

——雞肉以外的食材也是這樣做嗎？

豬肉的角煮（日式燉肉）也會藉由緩慢煮熟變得更美味。我在思考如何將洋蔥和肉類的鮮味加入湯品時，找到了靜置這種投入長時間的方式來達到效果。

——不是親自動手料理，而是經歷的時間讓食物變美味。這點和放手做咖哩的思考方式相同。

我也思考過將這個概念延伸。倘若長時間緩慢地改變溫度能使鮮味更容易釋出，使用冰水不就好了嗎。

——啊啊，沒錯！提取高湯是從水的狀態加入雞骨架開火熬煮。你有試過了嗎？

曾經有段期間使用過冰水。大約試了半年，不過感覺沒什麼不同呢。

## 燉煮的效果

——燉煮有趣的地方，在於從水開始，隨著溫度上升，食材的風味會釋出。燉煮結束後，將滾燙的湯汁冷卻至常溫，風味會繼續釋放。

風味不只在沸騰後與燉煮時釋放，前後的過程也很重要。

——依據我的理論，光靠燉煮讓咖哩變美味，幾乎是不可能的呢。不過它卻真的發生了。感覺好像使用咖哩塊製作咖哩。所謂的咖哩塊，可以說是魔法般的發明。噗通地投入鍋中攪拌，突然就變成美味的咖哩。使用香料也可以如法炮製做出美味的咖哩。

為什麼能夠發揮這種效果呢？

——這點目前我還不清楚，真是不可思議。有些吃過的人表示「外觀和味道都很像燉肉」。總覺得有家常菜的熟悉感、令人放鬆。

湯咖哩也有這種魅力喔。符合日本人的喜好。縱使可能是燉煮將鮮味釋放的效果。

——我認為加入大量食材，有助於通過對流提取鮮味。畢竟真的有義式蔬菜湯（minestrone）這類料理，不對，世界各地都有光靠燉煮就很美味的料理呢。

光靠燉煮使料理變美味，也許不是特別的事情呢。

——製作放手做咖哩時會加入大量香料。因此，我認為味道會更突出和濃郁。

## 水與水分的作用

燉煮時要注意食材釋出的水分。特別是燉煮蔬菜咖哩時更要留意，釋出的水分會超乎想像。

——食材的含水量無法一眼辨別，要是能夠想像就好了。以公克（重量）表示也是可行的方法。像是番茄、茄子的想像重量，也許意外地與實際重量有落差。

——從鍋外添加的水分、鍋中食材釋出的水分、加熱變成蒸氣散發的水分。掌握這些水分現在有多少、存在何處。

即便沒有測量重量，留意鍋壁內側的水面高度亦可發現改變。

——就水分進出而言，除了最後的份量，還有哪些地方需要留意？

味道跑到哪裡也會令人好奇吧。

——從食材提取鮮味，或是，水中的鮮味回到食材，類似這樣嗎？

舉例來說，燙蘆筍的時候，將水煮沸加入鹽，先放入硬到無法食用的部分。水會提取蘆筍的鮮味，接著放入可食用部分，由於水中已經有蘆筍的鮮味，可食用部分的鮮味會難以釋放到水中。

——無論是水或其他東西，可能都帶有恆定的性質。或者該說是質量守恆定律。

舉例來說，將髒衣服放入水中清洗，透明的水會變髒。相對地，衣服上的髒污脫落了。不過，若是以髒水清洗髒衣服，衣服的髒污會難以脫落。利用這種特性，將炒洋蔥製成的咖哩基底放入燉鍋，盡可能地不攪拌，讓它自然緩慢地溶化。如此一來，湯汁會有空間吸收食材釋出的鮮味。食材鮮味與咖哩基底鮮味溶入湯汁的速度也可以達到平衡。

>>〈技術3. 水分〉，頁151

## 鹽的效果

——鹽的存在對於調控鮮味似乎很重要呢。

我的店裡會根據用途使用天然鹽和精製鹽。

——味道相當不同呢。

使用精製鹽風味會更統一；使用天然鹽風味會更豐富。

——會依照想要的風味來區分使用吧。

所謂的湯咖哩，由於幾乎是燉煮料理，因此鹽很

重要。雖然水也很重要。鹽不只是用在收尾調整味道，最初就能加入適當鹽量的人才是專家喔。

——畢竟鹽也有提取風味的功能吧。極端來說，烹調咖哩時，每加入一樣新食材，同時增添少量鹽，我覺得這樣可能更好。因為可以在各個時間點將所有味道充分地提取。

是的，加熱時可以帶出食材的風味。鹽真是激發食材潛能的天才。因此加鹽的時候，為了讓食材鮮味完全釋出，最好同時攪拌。

——加鹽要攪拌。不過，咖哩的基底不要攪拌。因為鹽是萃取鮮味的物質，咖哩基底則是鮮味的要素。兩者功能不同。

——要是鮮味有顏色，應該很方便吧。這樣的話，鮮味來自肉類或蔬菜、釋放的時間點、釋放的程度，都可以一目瞭然。舉例來說，若鍋中開始飄出紫色線條，便可以判斷「喔，鮮味出來啦」。

>>〈技術4. 鹽分調整〉，頁152

## 加入香氣

香氣會在最後加入。

——沒錯，起初聽到時嚇了一跳。於收尾倒入大量粉狀香料，這種事我從來沒想過。

這個手法看似很奇怪，不過會形成「讓風味盡可能地釋放，最後以香氣包覆」的組合。接近完成時，湯汁表面會有油脂漂浮，將粉狀香料拌入此處融合。

——這樣啊，此處的油脂不僅能夠留住香氣，還能消除粉狀口感。印度有將完整香料香氣轉移的方法：將完整香料放入水中，使用經過熬煮製成的香料水（flavor water）。我也看過其他將帶皮大蒜用菜刀拍碎，加水沖洗、以網篩過濾，製成大蒜水。這是相當嶄新的手法。

如同食材的味道，我希望能夠掌握「香氣現在的所在之處」。

——還有如何留住這個香氣，在什麼時機大顯身手。

粉狀香料溶入湯汁表面的浮油後，讓它維持漂浮狀態，而不是溶入鍋中。盡量不要攪動表面的浮油，持續平靜地燉煮，即可避免醬汁或湯汁裡頭的香氣在燉煮時逸散出去。

——油脂有鍋蓋的作用對吧。

沒錯，而且這層油脂的鍋蓋，經過一段時間也會帶有味道，逐漸成為優質的香料油。

——香氣可以透過油脂，產生某種程度的視覺化。

特別是湯咖哩經常使用的乾燥羅勒，最後會漂浮在油脂上方。因此，使用湯杓舀取的時候，只要觀察羅勒的量，即可將盛起的油脂量控制在恰好一人份。

>> 〈技術5. 風味與香氣的組合〉，頁154

## 關於燒焦

——湯咖哩有過濾湯汁的步驟對吧。真是令人頭痛的麻煩事。

這個步驟會大幅改變風味。類似將溶化的炒洋蔥蘊含的風味等都榨出來的感覺。洋蔥加熱和燉煮的時間愈長，味道會愈深厚。

——煮至收汁的情況，成品的量可能會減少，因此也有必要調整對吧。

過濾會讓湯汁變清澈，口感也會更滑順。

——整體而言，完成度提升了呢。雜亂房間裡的咖哩，換上時髦的外出裝扮。

所以說，過濾完的湯汁是寶物呢。

——燒焦的風險是湯汁無法保持清澈的主要原因。放手做咖哩也是一樣，任何人都會對此重點感到緊張。

鍋子燒焦的時候，只要輕刮鍋底，感覺到觸感粗糙即可得知。這種時候，首先要判斷香氣。若香氣中帶有燒焦味，可能就稍微出局了。不過，若沒有燒焦味就不要刮鍋底，完成後將咖哩舀出來，還是可以享受美味。

——每個人對於焦香味的感受不同，只能自行判斷。

雖然有更換鍋子的方法，不過燒焦處的周圍，有時會意外地將鮮味濃縮，因此更換鍋子不是永遠的最佳選擇。許多人對燒焦感到抗拒或厭惡，但我認為燒焦沒有那麼負面。

——我熟識的法式料理主廚曾說，「繼發酵之後，燒焦將會受到矚目」。世界各國也開始出現「刻意燒焦」或「巧妙運用燒焦」的料理。

我認為懂得分辨燒焦很重要，以及能否依照食用者的喜好做出對應的處理。

——感謝您的分享。

>> 〈技術6. 避免燒焦〉，頁156

# 火力大小和加熱狀態的表現方式

當我嘗試燉煮某種咖哩時，會有中火可能太強、小火可能太弱的情況。要試著寫成食譜也很困擾。介於小火與中火之間的火力該如何表達才好？有時候我會用「中小火」來描述。雖然還是中火，不過在中火裡是偏弱的。相反地，以「中大火」來描述，代表還不及大火，但是在中火裡偏猛烈。

整理起來得到「小火 - 中小火 - 中火 - 中大火 - 大火」。那麼，若是提到「偏強的小火」，要調整到什麼程度才好呢？「偏強的小火」和「中小火」，哪個火力比較強呢？「偏弱的小火」似乎可以用「微火」來表示，不過感覺幾乎沒聽過用「極大火」來描述「偏強的大火」。真是太複雜了。

眼前的火力可以適度調整，換作文字說明卻很困難。因此，擬聲詞（亦會使用擬態詞）就派上用場了。例如「以中小火燉煮至表面產生鼓動（コトコト／KOTO-KOTO）」。

不知道是誰曾經說過，在法式料理界有著「宛如天使微笑般地燉煮」這種詩意的表現方式。真是太棒了……。我稍微查詢，有種說法是以小火慢煮至表面鼓動，法文是「mijoter」。然而，對於表面產生鼓動來說，法文也有「frémissant」這個詞彙──意指「顫抖、騷動」，「eau frémissante」是指將開水煮至表面微微冒泡（フツフツ／FUTSU-FUTSU）的感覺。至於天使……能夠與之匹敵的也許是「以晚秋樹葉般騷動的火力燉煮」這種程度吧。

嗯，這種方式似乎可以成立呢。我發現將鍋中的燉煮狀態比喻成某種情境，似乎可以表達燉煮的微妙差異。舉例來說，有幾個描述沸騰程度的擬聲詞（擬態詞）。依照「溫和地燉煮 - 激烈地燉煮」這個順序來排列，我的印象如下。

**表面微微起伏（ユラユラ／YURA-YURA）、表面微微冒泡（フツフツ／FUTSU-FUTSU）、表面出現波瀾（クツクツ／KUTSU-KUTSU）、表面產生鼓動（コトコト／KOTO-KOTO）、表面冒出氣泡（コポコポ／KOPO-KOPO）、冒出明顯氣泡（ポコポコ／POKO-POKO）、煮滾至冒泡（グツグツ／GUTSU-GUTSU）、煮至沸騰滾動（グラグラ／GURA-GURA）、煮至大浪翻滾（ボコボコ／BOKO-BOKO）、整鍋怒濤滾滾（ゴボゴボ／GOBO-GOBO）**……。看吧，不覺得火力逐漸增強了嗎？

燉煮的火力大小有各種狀態。機會難得，全部以詩意呈現吧！

※ 第4章（頁89-133）附有展示燉煮的翻頁漫畫，請好好享受。

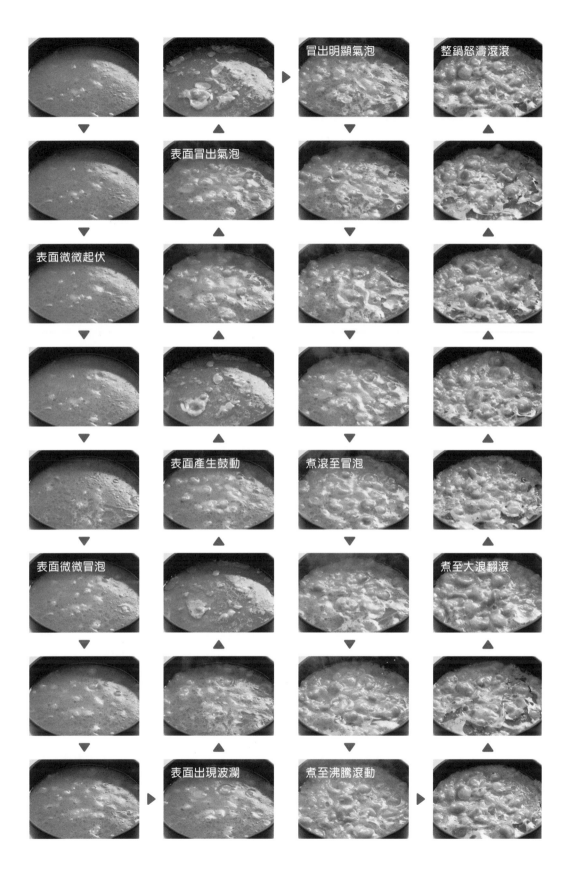

冒出明顯氣泡

整鍋怒濤滾滾

表面冒出氣泡

表面微微起伏

表面產生鼓動

煮滾至冒泡

表面微微冒泡

煮至大浪翻滾

表面出現波瀾

煮至沸騰滾動

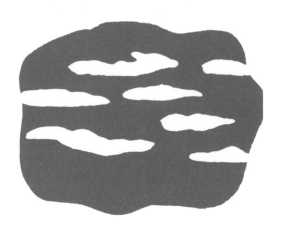

**1** 表面微微起伏
宛如夕陽下雲朵逐漸
染紅般地燉煮（超小
火·保溫）

· · · ▶

**2** 表面微微冒泡
有如天使溫柔微笑般
地燉煮（微火）

**3** 表面出現波瀾
彷彿寧靜湖面稍微揚起
波瀾般地燉煮（文火）

**4** 表面產生鼓動
有如樹葉騷動般地燉
煮（小火）

· · · ▶

**5** 表面冒出氣泡
如同森林的精靈們小
跳躍般地燉煮（中小
火）

· · · ▶

⑨ 煮至大浪翻滾
像是拳擊手在場內毆
打般地燉煮（極大火）

• • • ▶

⑩ 整鍋怒濤滾滾
如同惡魔們集體震怒
般地燉煮（超大火）

⑧ 煮至沸騰滾動
猶如吹響小喇叭音色般地
燉煮（大火）

• • • ▶

⑥ 冒出明顯氣泡
像是小朋友拿手地持
球般地燉煮（中火）

• • • ▶

⑦ 煮滾至冒泡
如同贊成與反對派爭
論不休般地燉煮（中
大火）

## TECHNIQUE | 技術 2

# 加熱溫度

我做了非常有趣的實驗。使用黃金法則烹調基本款雞肉咖哩，並且實驗鍋中的溫度變化。

| 炒 | |
|---|---|
| | 以油拌炒完整香料。……［中火／**142**℃］ |
| | 加入大蒜和生薑拌炒。……［中火／**110**℃］ |
| | 加入洋蔥和鹽燜烤。……［大火‧加蓋／**115**℃］ |
| | 加入雞肉拌炒。……［大火／**108**℃］ |
| | 加入粉狀香料拌炒。……［小火／**93**℃］ |

| 煮 | |
|---|---|
| | 加入番茄燜煮。……［中火‧加蓋／**99**℃］ |
| | 注水混合均均。……［中火／**65**℃］ |
| | 煮滾至冒泡。……［大火／**98**℃］ |
| | 煮至表面微微冒泡。……［微火／**95**℃］ |
| | 蓋上鍋蓋煮滾至冒泡。……［中火‧加蓋／**99**℃］ |

| 完成 | |
|---|---|
| | 關火後5分鐘 ……［加蓋／**90**℃］ |
| | 關火後15分鐘……［加蓋／**82**℃］ |
| | 關火後30分鐘……［加蓋／**75**℃］ |
| | 冷卻至可以觸碰的程度。……［加蓋／**39**℃］ |
| | 放入冰箱靜置一晚。……［加蓋／**6**℃］ |

烹調時的廚房溫度26℃、濕度50%

前期以油脂拌炒時溫度升高。加入雞肉、番茄、水等水分之後的加熱溫度沒有超過100℃。

將300ml水加入將近90℃的鍋中，溫度立即降至65℃。假設適合低溫烹調肉類的溫度大約是60℃左右，想要保留肉的風味和質地，不加熱地燉煮（!?）可能會更好。

總之，加水後的烹調狀態，無論使用大火或小火，鍋中的溫度差異都不大。煮滾的狀態是99℃；微火的狀態是95℃，此時肉的中心溫度是93℃。

以放手做咖哩來說，當油脂、水分和所有食材都放入鍋中才開始加熱，不太可能超過100℃。因此，在持續沸騰的情況下，我認為觀察食譜的食材外觀會如何變化很有趣。

順帶一提，比起現做好的咖哩，我偏好完成後加蓋靜置30分鐘的狀態。即便靜置30分鐘，溫度只會降低15℃。由於溫度很容易食用，也許是好事呢！

## TECHNIQUE │技術 3

# 水分

使用香料做過咖哩的人，經常碰到以下難關。

●成品風味單調、差強人意。
●不確定味道是否正確而感到不安。
●準備了4人份，份量卻不夠。

這也是研發食譜的我和按照食譜製作的讀者之間，最明顯的區別。多數原因是「脫水與加水產生的風味變化」。填補這項差距的關鍵在於掌握水分的運用方式。簡單來說，水分增加風味會變淡，水分減少風味會變重。然而，食譜存有陷阱，多數人很重視「按照食譜做」的程序，因此以「加入300ml水，蓋上鍋蓋，以小火煮30分鐘即可」的方式操作。

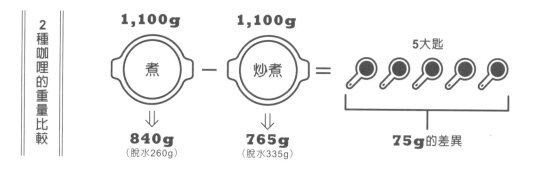

2種咖哩的重量比較

1,100g 煮 ⟹ 840g（脫水260g）

1,100g 炒煮 ⟹ 765g（脫水335g）

5大匙

75g的差異

使用相同材料，以放手做和黃金法則製作2種咖哩，請看兩者的比較。

即便加熱時間相同，份量卻相差75g（5大匙）。主要差異來自於前期的拌炒過程。

我曾經將食材逐步加入鍋中，並且在各步驟完成時測量重量。炒的步驟讓食材脫水，減少了⅔的重量。直到加水前，放入鍋中的食材是600g，待炒的步驟完成後，鍋中的食材重量減少至200g。

烹調普通的咖哩時，由於料理者的實力與加熱方式會有差異，光是比較鍋中的內容物重量，嚴格說來無法重現相同的味道。即便成品都是800g，美味和不盡然的咖哩之間，還是會有實力差距。然而，對於放手做咖哩而言，不會有這種差異。因為它是「不用插手的」。就這點來看，比較加熱前和完成後的重量是很好的指標。

CHAPTER 5

## TECHNIQUE │技術 3

# 水分

使用香料做過咖哩的人，經常碰到以下難關。

●成品風味單調、差強人意。
●不確定味道是否正確而感到不安。
●準備了4人份，份量卻不夠。

這也是研發食譜的我和按照食譜製作的讀者之間，最明顯的區別。多數原因是「脫水與加水產生的風味變化」。填補這項差距的關鍵在於掌握水分的運用方式。簡單來說，水分增加風味會變淡，水分減少風味會變重。然而，食譜存有陷阱，多數人很重視「按照食譜做」的程序，因此以「加入300ml水，蓋上鍋蓋，以小火煮30分鐘即可」的方式操作。

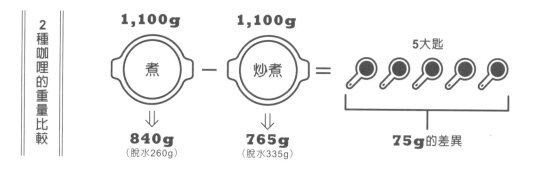

2種咖哩的重量比較

1,100g 煮 ⟹ 840g（脫水260g）
1,100g 炒煮 ⟹ 765g（脫水335g）
5大匙
75g的差異

使用相同材料，以放手做和黃金法則製作2種咖哩，請看兩者的比較。

即便加熱時間相同，份量卻相差75g（5大匙）。主要差異來自於前期的拌炒過程。

我曾經將食材逐步加入鍋中，並且在各步驟完成時測量重量。炒的步驟讓食材脫水，減少了⅔的重量。直到加水前，放入鍋中的食材是600g，待炒的步驟完成後，鍋中的食材重量減少至200g。

烹調普通的咖哩時，由於料理者的實力與加熱方式會有差異，光是比較鍋中的內容物重量，嚴格說來無法重現相同的味道。即便成品都是800g，美味和不盡然的咖哩之間，還是會有實力差距。然而，對於放手做咖哩而言，不會有這種差異。因為它是「不用插手的」。就這點來看，比較加熱前和完成後的重量是很好的指標。

**TECHNIQUE** ｜技術 4

# 鹽分調整

**每個人對於「恰到好處的調味」標準都不同**

**鹽是決定所有味道的關鍵**。無論是放手做咖哩還是其他咖哩。因此，鹽分調整非常重要。

然而，最適合的鹽量因人而異。雖然有「恰到好處的調味」這種說法，不過標準不只一個，所以很困難。很久以前，我曾經和廚師朋友共同經營料理教室。當我試吃朋友做的咖哩時，心想「鹽分很完美」。朋友隨即試吃後，喃喃自語地說「鹽分完全不夠」，抓起鹽加入鍋中。這種情況經常發生。

對於放手做咖哩而言，4人份的咖哩會使用「鹽 1小匙（滿匙）」。這是曖昧的表達方式。稍微多於「1小匙」，卻少於「1½小匙」，類似這種感覺。若要更精確地描述，可以用公克來表示，相當於「8g」左右。這是800g咖哩（一人份200g）對應1%鹽分濃度得到的參考數字。

**食譜不可能針對鹽分調整做出完美的指示**。

首先，每個人對於「1小匙」的計量方式就不同了。基本上是「平匙」，不過我認為很少人會在加鹽時，費心地將量匙刮平。鹹味會根據顆粒大小改變，小匙中的鹽是緊實或鬆散也會有影響。以公

**鹽量基準**

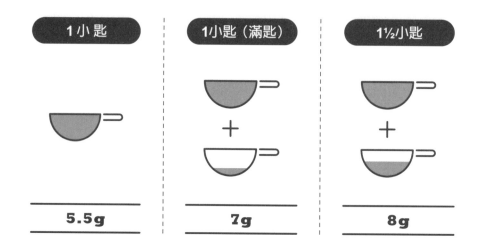

| 1小匙 | 1小匙（滿匙） | 1½小匙 |
|---|---|---|
| 5.5g | 7g | 8g |

克計量相當精確，不過各種鹽的鹽分濃度也不同呢！

啊啊，真是無能為力。我是否該決定放手做咖哩的推薦用鹽呢？

我想竭盡所能地嘗試，因此決定比較1小匙的重量。代表性的鹽有12種。最重的是「5.8g」，最輕的是「4.4g」，兩者有所差異。

接著我也調查了各種鹽的鹽分濃度。將所有的鹽秤量「3.0g」，溶於100g（等於100ml）的水中。使用鹽分濃度計測量2次，計算出濃度的平均值。結果，**濃度最高的是「3.4%」，最低的是「2.9%」**。果然有差異。總之，我在食譜

中寫著「1小匙（滿匙）」，根據料理者的不同，鹽分濃度會有驚人的差異。

好吧，我曾經自己單吃咖哩時，測量了「恰到好處」的鹽分濃度，大約介於「1.0%～1.05%」。不過，根據搭配的米飯份量不同，整份餐食的鹽分濃度也會改變。啊啊，夠了，我果真是無能為力。

唉，各位光聽就覺得累吧！烹調咖哩使用的鹽量，竟然如此困難。鹽的另一項特點是「覆鹽難收」。請注意不要讓鹽分過重。

各位，請相信自己的感覺，最後以自己的味覺試著調整味道吧！

| | 品名 | 1小匙（平匙）重量 | 2次鹽分濃度的平均值 | 分類 |
|---|---|---|---|---|
| 1 | 德國阿爾卑斯山鹽（Alpen Salz） | 5.8g | 3.1% | 岩鹽 |
| 2 | 日本國產鹽（氯化鈉） | 5.3g | 3.1% | 精鹽 |
| 3 | 日本兵庫縣赤穗之鹽——浪園「燒鹽」 | 5.2g | 3.4% | 海鹽 |
| 4 | 德國產岩鹽（細鹽） | 5.2g | 3.2% | 岩鹽 |
| 5 | 法國普羅旺斯地區卡馬格（Camargue）產海鹽 | 5.2g | 2.9% | 海鹽 |
| 6 | 義大利產岩鹽（Sale di Roccia） | 5.1g | 3.0% | 岩鹽 |
| 7 | 西班牙Deltasal牌地中海海鹽 | 5.0g | 3.0% | 海鹽 |
| 8 | 印度喜馬拉雅岩鹽粉末（黑鹽，Black Salt） | 4.6g | 3.2% | 岩鹽 |
| 9 | 澳洲南極日曬海鹽 | 4.6g | 3.3% | 海鹽 |
| 10 | 夏威夷棕櫚島（Palm Island）海鹽（白鹽） | 4.5g | 2.9% | 海鹽 |
| 11 | 日本愛媛縣伯方之鹽 | 4.4g | 2.9% | 海鹽 |
| 12 | 吉里巴斯聖誕島（Christmas Island）日曬鹽 | 4.5g | 3.0% | 海鹽 |
| | 平均 | 4.95g | 3.08% | |

# 風味與香氣的組合

放手做咖哩只要燉煮就會變美味，原因仍是未解之謎。不過，我們可以想像鍋中產生什麼變化。為此，我認為最好先瞭解風味與香氣的組合。

使用肉類、魚類或蔬菜都可以。首先，請將喜歡的食材放在中央。現在開始要進入烹調的旅程囉！

舉例來說，若想要享用美味的雞肉，你認為必須最先使用什麼東西呢？意外地想不到是吧？答案是鹽。立即將雞肉拿來烤、刷上烤肉醬，這樣也可以變美味。不過，比起雞肉，烤肉醬的味道會更強烈。使用番茄醬、美乃滋或醬油也是同樣的道理。然而鹽絕對是必要的。我會將雞腿肉或雞胸肉撒上1％重量的鹽，靜置3小時後，放入平底鍋煎熟。光是這樣就無比美味了。不對，我認為這樣甚至是最好吃的。因為鹽有提升食材風味的作用。

接著，你認為次要的東西是什麼？答案是油。油能夠促進加熱，本身也具有鮮味要素。肉類或魚類本身就含有油脂，不用添加奶油或植物油也能加深風味。針對燒烤、熱炒、燜煮等簡單料理，只要有鹽和油就能充分享受任何食材的風味。這兩種材料就是如此重要。

事實上，我在家自行料理的時候，經常在肉類或蔬菜上撒鹽，視情況用油，接著加熱就好。如果有人問「你的拿手料理是什麼？」我會自信地說「燜烤料理」。

我經常會煮的料理還有一種。就是湯品，或是說燉煮料理。以帶骨雞肉為例，我會使用鹽和油再加水燉煮。沒錯，有了水就能以其他方式享受美味。

縱使超簡單的雞湯就很美味，還是想要有更多風味。這時候只要加入香味蔬菜就好。像是洋蔥、胡蘿蔔、芹菜、大蒜、生薑等。不過，請在這裡稍微思考一下。舉例來說，為了更享受雞肉中心的風味，不會將香味蔬菜磨成泥、抹在雞肉表面對吧。香味蔬菜就是香味蔬菜，也是應該被放在中心的食材。這麼說來，香味蔬菜也是需要鹽、添加油脂會更美味。雞肉的周圍有同心圓狀分佈的圓圈，香味蔬菜的周圍也有。

洋蔥、大蒜、生薑的周圍也都有鹽和油脂環繞。若想要將這些食材和雞肉放入相同的鍋具加熱，連結食材的原料是水。水是調和的物質，可以讓食材手牽手地融合。全部食材可以燉煮至融為一體，都是水的功勞呢！

很好，這鍋湯變得相當美味了。我開心到有點欲罷不能。加入番茄燉煮，應

該會更好吃吧。畢竟番茄撒上鹽生食也很美味，淋上橄欖油就更美味。因此，番茄也能組成同心圓。好的，將番茄加入鍋內。

那麼，現在鍋子裡有什麼東西呢？雞肉、洋蔥、大蒜、生薑、番茄。接著，分別是鹽和油，以及連結所有食材的水。誒？直覺敏銳的人已經開始注意到了。

**在這個鍋子裡放入香料會是如何**？不就是放手做的雞肉咖哩嗎！！！

在任何情況下，香料（包含香草）都是料理的輔助角色。因為，雞肉就算沒有孜然或芫荽也很好吃。「即便沒有鹽和油，雞肉撒上薑黃粉也很好吃」有人會這樣想嗎？沒有呢。少了它也沒有差，這就是香料。雖然這麼說會有點寂寞。

不過，若是想要讓食材更美味，香料的效果會很好。將雞肉撒上鹽和胡椒後進行燒烤，會比單純撒鹽更好吃。胡椒就是香料。因此，香料雖然不是必備，有了它會讓人開心。低調地在外側替香料安排一個位置吧！

現在，請想像以食材為中心的圖像。

這些材料會在鍋中共同加熱，燉煮至融為一體。經過30分鐘、經過60分鐘。我們來開鍋蓋。

大家腦海中的咖哩也完成了嗎？那麼，美味的放手做咖哩要上桌囉！

## 風味與香氣的組合

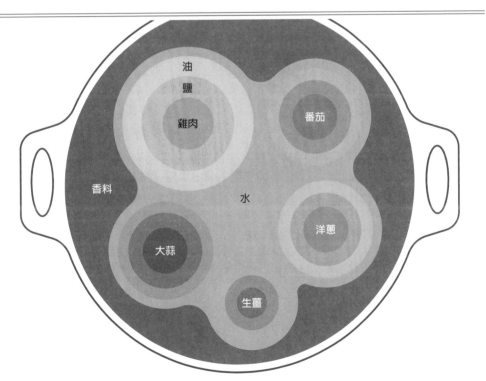

# 避免燒焦

對於不用技巧、不會失敗的放手做咖哩而言，敵人只有一個——就是**燒焦**。唯有這點需要避免。因為一旦**燒焦**便無法復原，沒有**燒焦**總會有辦法。

接下來將以問答形式介紹戰勝**燒焦**的方法。

## Q

### 燒焦時該怎麼辦才好？

### A

如果關火後完成了咖哩，打開鍋蓋卻有濃烈的**燒焦**味，可能就稍微出局了。鍋底是否**燒焦**，只要用木鏟或矽膠刮刀劃過鍋底即可得知。若有粗糙的觸感，很可能有**燒焦**物質。不過，根據**燒焦**的程度，處理方式會有所改變。若是能輕刮起來的程度，很可能尚未碳化，可以直接與整鍋咖哩攪拌混合。若觸感很堅固並且緊黏鍋底，不要再觸碰**燒焦**處，將咖哩轉移至其他鍋具。如此一來，我認為可以將**燒焦**的氣味和味道降至最低限度，當作咖哩享用。

## Q

### 燒焦是什麼樣的狀態？

### A

鍋底的食材碳化變黑的狀態。即便看起來是黑色，若沒有碳化便不會稱作**燒焦**。開始**燒焦**時，最初會出現**燒焦**的顏色與氣味，接著才是**燒焦**的味道。以放手做咖哩來說，由於無法確認鍋中狀態與判斷顏色，狀態會緩慢地改變，可能是「有**燒焦**顏色但沒有**燒焦**氣味」，或是「有**燒焦**氣味但沒有**燒焦**的味道」。習慣以後就會有自己判斷「**燒焦**」的標準。

## Q

### 燒焦的話，不要吃比較好嗎？

### A

完全呈現**燒焦**狀態的食物，我認為不要吃比較好。不過，若是稍微**燒焦**或適度**燒焦**，請視為美味的一部分。舉例來說，在燒肉店烤肉時，即便顧著說話讓肉的邊緣**燒焦**了，也不會丟棄吧。作為判斷標準之一，若**燒焦**狀態是「在燒肉店可以食用的程度」就算過關吧！

## Q

燒焦與否要從哪裡判斷呢？

## A

雖然查看鍋底便一目瞭然，還是想在**燒焦**前注意到。氣味比較容易判斷。任誰都能辨別**燒焦**的氣味吧。偶爾將鼻子貼近從鍋蓋釋出的蒸氣，聞聞看氣味。太靠近有可能會燙傷。

## Q

哪一種鍋具不容易燒焦？

## A

雖然我很想大聲地說「厚底的鍋具！」，不過即便是不鏽鋼鍋等厚底款式，仍然很容易**燒焦**。相反地，縱使鍋底很薄，有多層構造和不沾塗層便不容易**燒焦**。

## Q

燒焦的鍋具要如何清洗？

## A

不好意思，每種鍋具都有建議的清洗方式，請自行查閱。

## Q

避免燒焦需要注意什麼？

## A

由於是放手做咖哩，蓋上鍋蓋開火後，也許只能將命運交給老天爺，進行祈禱。不對，這樣太殘酷了。為了避免**燒焦**，我試做無數次才寫成食譜，若仍然感到不安，燉煮時可以經常搖晃鍋子。鍋中的食材移動位置便不會**燒焦**。倘若這樣還是感到不安，請打開鍋蓋，使用木鏟等攪拌鍋中食材，加蓋繼續燉煮。「這樣就不能說是放手做不是嗎！」請將這種心情放在內心深處吧。

**燒焦**這回事很有趣吧。
請和**燒焦**現象好好相處。

# 認識鍋具和熱源

鍋具重要嗎？
熱源重要嗎？

「烹調咖哩的理想鍋具是哪一種？」
經常有人這樣問我。
「我不知道。」
這是我的真心話。不過這樣回答會讓對方很失望，我會有其他答案。
「請繼續使用現在的鍋具。」
烹調咖哩重要的是「**認識自己使用的鍋具特性**」，而不是「選擇適合烹調咖哩的鍋具」。這款鍋具的優秀之處為何？不擅長什麼？認識這些特性，便可以知道如何調節火力與燉煮時間。
「不對、不對，我要的不是這種曖昧的答案。可以更具體清楚地回答嗎？」
有些人雖然不會這麼說，臉上的表情卻是這樣寫。這種時候，我會這樣回答。
「請用厚底的鍋具烹調。」
由於是製作放手做咖哩，首先從這裡開始吧。因為不容易燒焦。
「烹調咖哩使用瓦斯爐還是IH爐比較好？」
這也是經常詢問的問題。
「我不知道。」
這是我的真心話，不過我會有其他答案。
「請繼續使用現在的熱源。」
烹調咖哩重要的是「**認識自己使用的熱源特性**」，而不是「選擇適合烹調咖哩的熱源」。不過，嗯嗯，我知道喔。具體清楚地回答對吧。
「我喜歡瓦斯爐火。」
看得到火源更令人安心。
確實鍋具和火源是烹調咖哩不可或缺的工具。提到放手做咖哩，就是「不動手」、「交給鍋具和熱源負責」。這樣不是超級重要嗎？即便如此，不必為了這種咖哩添購新的鍋具、準備新的熱源。我不是賣鍋子的人，不會說出「購買這款鍋具就能做出美味的咖哩」這種話。
我在日本全國各地做外燴料理超過20年了。總是使用現場的道具烹調各種咖哩。更換鍋子的話，加熱方式也會改變。根據當時情況調整即可。我不想開車載著沉重的鍋具出遠門。

## 診斷你的鍋具

家中的鍋具有哪些特性呢？只要知道這點，即可針對本書食譜的「燉煮時間要延長還是縮短」、「火力要增強還是減弱」、「水量要增加還是減少」加以調整。請培養這種眼力和感覺吧。
我將介紹診斷鍋具的好方法。這是水分蒸發的測試，只要有測量重量用的秤就可以了。請準備平常使用的鍋具，倒入200g（等於200ml）的水，開大火煮，如此而已。試試看吧！

使用200g的水進行蒸發診斷

材料

水‧‧‧‧‧‧‧‧‧‧‧‧‧‧‧‧‧‧‧‧‧‧‧‧‧‧‧‧‧‧‧‧‧‧‧‧‧‧‧‧200g(ml)

方法

將水倒入鍋中，不用加蓋，以大火煮3分鐘。
→測量煮沸的時間（A）
經過3分鐘後關火。→測量重量（B）
於常溫靜置2分鐘。→測量重量（C）

| | 品名 | （A）<br>煮沸的時間 | （B）<br>大火煮3分鐘 | （C）<br>常溫靜置2分鐘 | 蒸發量<br>（B）-（C） | 蒸發量合計<br>[ 200g-(C) ] |
|---|---|---|---|---|---|---|
| 1 | 不鏽鋼鍋 | 1分32秒 | 142.5g | 132.5g | 10g | 67.5g |
| 2 | 鋁鍋 | 1分36秒 | 144g | 135g | 9g | 65g |
| 3 | 琺瑯鍋 | 1分33秒 | 139g | 130g | 9g | 70g |
| 4 | 多層鋼鍋C | 1分17秒 | 139.5g | 130g | 9.5g | 70g |
| 5 | 多層鋼鍋A | 1分36秒 | 146g | 135g | 11g | 65g |
| 6 | 銅鍋 | 1分25秒 | 136g | 128g | 8g | 72g |
| 7 | 玻璃鍋 | 2分4秒 | 166g | 151.5g | 14.5g | 48.5g |
| 8 | 多層鋼鍋B | 1分29秒 | 138g | 130g | 8g | 70g |
| 9 | 鑄鐵鍋 | 1分46秒 | 149g | 142g | 7g | 58g |
| 10 | 琺瑯鑄鐵鍋 | 1分55秒 | 155g | 144g | 11g | 56g |
| 11 | 土鍋 | ─ | 186g | 180g | 6g | 20g |
| 12 | 壓力鍋 | 1分55秒 | 155g | 144g | 11g | 56g |
| 13 | 多層鋼鍋A／加蓋 | 1分32秒 | 154.5g | 153.5g | 1g | 46.5g |

5分鐘就能完成。這段期間有3個項目要確認。

● 煮沸的時間……**[A]** 可以知道熱傳導的速度
● 關火後隨即測量的重量……**[B]** 可以知道熱傳導的能力
● 靜置後的重量……**[C]** 可以知道蓄熱能力

**[A]** 時間愈短，表示熱傳導速度愈快。烹調「煮滾至冒泡」這類食譜時，可以發揮本領。

**[B]** 公克數愈少，表示水分蒸發愈多、有強勁的熱能傳入鍋內。也許可以縮短燉煮時間。

**[C]** 公克數愈少，表示水分蒸發愈多，即便關火後，鍋子本身仍然在蓄熱。關火後，鍋中持續在加熱。

200g的水，在5分鐘內發生了什麼變化？自己的鍋具屬於哪種程度，請與表格比較看看。這樣即可瞭解鍋具的特性。

外國的月亮比較圓嗎？不不，要瞭解自己的鍋具、喜歡自己的鍋具喔！

# 鍋具的基本資料

鍋具的下列幾個特點會影響成品。

### 鍋具的材質

一般的鍋具大多是鋁或不鏽鋼材質，特殊的有鐵、銅或琺瑯等。最近有許多鍋具是多層構造設計，擷取鋁和不鏽鋼的長處，將兩者組合取得平衡。

### 鍋底的厚度

關於放手做咖哩（即香料咖哩），記住鍋底愈厚愈好，也許是不錯的方式。瓦斯爐火或IH爐的熱能無法均勻地接觸鍋具。厚的鍋底熱傳導比較容易一致。

### 鍋底的面積

準備4人份咖哩時，我認為理想的鍋底直徑是18cm。大於18cm，熱傳導至食材的速度比較快，不過有可能使食材過度脫水，導致容易燒焦、煮到乾掉。

### 鍋具的形狀

從鍋底到鍋壁處，有的是筆直往上、有的是向外展開、有的是壺形、有的深、有的淺，有各種不同類型。注入1000ml的水，若深度高達食指，比較容易燉煮。

### 鍋內的表面加工

市面上有許多以不沾塗層加工的鍋具。不僅使用上順手，在書中收錄的放手做咖哩鍋具實驗中，亦獲得優異結果。最棒的是不易燒焦，我認為不沾塗層是值得推薦的加工方式。

### 鍋蓋的密閉程度

鍋具的材質或產品不同，鍋蓋的密閉程度也有相當大的變化。基本上，密閉程度愈高的愈適合。烹調時，密閉程度高的鍋具少加點水；密閉程度低的鍋具多加點水，即可期待好的成品。

## 鍋具的基本資料

| 品名 | 鍋具重量 | 熱傳導 | 蓄熱 | 鍋底厚度 | 鍋底面積 | 密閉程度 | 不沾塗層 | 不易燒焦 | 鍋具詳細資訊 |
|---|---|---|---|---|---|---|---|---|---|
| 不鏽鋼鍋 | 908g | 中 | 高 | 薄 | 大 | 低 | × | × | Vitacraft·厚版 |
| 鋁鍋 | 901g | 中 | 低 | 厚 | 小 | 低 | × | △ | 中尾鋁製作所·專業用 |
| 琺瑯鍋 | 1,110g | 中 | 中 | 薄 | 大 | 中 | × | × | 野田琺瑯 |
| 多層鋼鍋C | 533g | 快 | 低 | 薄 | 小 | 中 | ○ | ○ | 超市980日圓購入 |
| 多層鋼鍋A | 780g | 中 | 高 | 厚 | 中 | 中 | ○ | ○ | 水野仁輔咖哩用鍋※ |
| 銅鍋 | 1,187g | 快 | 中 | 厚 | 中 | 中 | × | △ | 日本產專業用·合羽橋購入 |
| 玻璃鍋 | 1,306g | 慢 | 高 | 中 | 大 | 低 | × | × | VISIONS |
| 多層鋼鍋B | 423g | 中 | 低 | 薄 | 中 | 低 | ○ | ○ | T-fal |
| 鑄鐵鍋 | 1,563g | 慢 | 中 | 厚 | 小 | 高 | × | ○ | Vermicular |
| 琺瑯鑄鐵鍋 | 2,140g | 慢 | 高 | 中 | 中 | 高 | × | × | Le Creuset |
| 土鍋 | 1,471g | 慢 | 高 | 厚 | 中 | 低 | × | △ | 土樂·法式燉鍋（pot-au-feu） |
| 壓力鍋 | 1,750g | 慢 | 高 | 中 | 大 | 高 | × | ○ | Fissler |

※本書使用的鍋具

# 以你的鍋具進行練習

你可以看到「家中鍋子」的特性了吧。那麼，實際製作放手做咖哩時，會有什麼影響呢？以相同材料和份量製作雞肉咖哩，只要更換鍋具，完成的風味也會不同。

我希望各位以鍋中的重量作為參考。於鍋中加入「多少公克的材料」，會得到「多少公克的咖哩」？換言之，「多少公克

的水分」產生脫水？只要瞭解這一點，依照鍋具來調整便會得到正確結果。

我要介紹一個好方法，讓你以自己的鍋具練習。

這是製作咖哩的測驗，只要有測量重量用的秤就可以了。請準備平常使用的鍋具，放入總共1000g的材料，蓋上鍋蓋，開中火，如此而已。試試看吧。

---

## 放手做「練習用」咖哩

**材料**（4人份）

雞腿肉·····················400g
洋蔥（切成扇形）·············250g
無糖原味優格···············120g
整顆番茄（攪碎）··············80g
水·························80g
油·························45g
粉狀香料···················20g
鹽··························5g

**作法**

將全部材料由上往下依序放入鍋中，蓋上鍋蓋，以中小火燉煮30分鐘。攪拌混合鍋中全部食材。→＊測量重量

打開鍋蓋，以大火烹煮並同時攪拌，持續約5分鐘，煮至收汁。→＊測量重量

---

結果怎麼樣？

秤重後試吃。吃起來味道如何？

由於這是練習用的咖哩，採用「視狀況而定可能會燒焦」的材料和作法。即便燒焦，請務必試吃看看。知道燒焦是什麼味道也是一種經驗。失敗一次也很重要，可以從中學到很多。

如果完成時沒有燒焦，請打開鍋蓋以大火燉煮5分鐘收汁。接著試吃味道。我想你會瞭解自己的鍋具與水分蒸發的關係，以及脫水和味道變化的關係。

我實際做了實驗，以12種鍋具製作相同的咖哩，並觀察烹調過程中的狀態變化。一起來看看吧！

# 鍋具實驗：種類和特徵

## 1 | 不鏽鋼鍋

醬汁帶有濃稠感，不過味道稍微平淡。這款鍋底具有一定厚度。沸騰時間快、蓄熱能力強，不過熱能傾向直接傳導，燒焦程度最為嚴重。應用於放手做咖哩時，請務必留意火力調整。

## 2 | 鋁鍋

液體能夠順利減少。濃縮的風味很好。這是專業規格的厚底鋁鍋，湯鍋和淺湯鍋的款式最受歡迎。可以快速收汁，風味容易加深但不會燒焦。適合大火燉煮，活躍於放手做咖哩的類型。

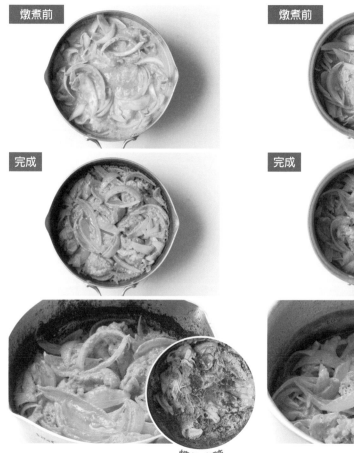

燉煮前

完成

燒焦痕跡

燉煮前

完成

## 3 | 琺瑯鍋

味道相對清爽,給人的印象不深。熱傳導和蓄熱能力都不錯,可以說是功能平衡的鍋具。可能因為材質不厚就燒焦了。密閉程度不差,適合溫和燉煮。針對放手做咖哩來說,蓋上鍋蓋增加壓力時,必須以搖晃鍋子等方式進行調整。

**燉煮前**

**完成**

燒焦痕跡

## 4 | 多層鋼鍋C

燉煮收汁的風味紮實、偏鹹。由於這是容易取得的便宜鍋具,我抱持著懷疑的態度試做,表現卻超乎預期。不僅熱能傳導順暢、收汁效果極佳,採用不沾塗層而未燒焦。密閉程度也很高,挑不出缺點。

**燉煮前**

**完成**

| 5 \| 多層鋼鍋A | 6 \| 銅鍋 |
|---|---|

肉質柔軟，很美味。這是本書使用的鍋具。鋁合金材質──結合鋁與不鏽鋼的多層構造。雖然沒有顯著特徵，不過鍋底較厚不易燒焦。熱傳導和蓄熱能力在水平之上，很容易使用。由於鍋蓋是玻璃製，可以安心地看到烹調過程。

味道濃厚，口感豐富，很好吃。給人的印象是只有部分專業廚師才會使用的超高級鍋具。內側鍍錫。如傳聞般展現其性能。能夠快速煮沸，整體風味很容易循環。關火後，散熱速度也很快。有種表現優於其他的心理作用。

## 7 | 玻璃鍋

保留洋蔥的清脆口感。味道不夠豐富。有燒焦,但感覺不到燒焦味。火力經過細微調整持續接觸到的部分,以及肉類接觸到的鍋底都很容易燒焦。高蓄熱能力,適合長時間溫和燉煮的放手做咖哩。

燉煮前

完成

燒焦痕跡

## 8 | 多層鋼鍋B

湯汁有稀薄感,洋蔥味濃郁。基本特性類似多層鋼鍋C,但整體印象欠缺力量。由於沒有大量收汁,味道很溫和。相較於其他鍋具,這款咖哩的油脂稍微分離,可能因此很容易感受到完整香料的香氣。

燉煮前

完成

## 9 | 鑄鐵鍋

口感濃郁而滑順。密閉程度極高，完成的咖哩份量與玻璃鍋和多層鋼鍋B相同，風味卻更好。感覺有活用食材的味道，不過似乎少了整體感。很適合放手做咖哩。

## 10 | 琺瑯鑄鐵鍋

醬汁多而濃厚。風味輕盈，帶有高湯鮮味。熱傳導能力較低，沸騰與升溫速度較慢。加熱後即可保溫。在有限的烹調時間內，完成度稍嫌不足。輕微燒焦，不過沒問題。

燉煮前

完成

燉煮前

完成

燒焦痕跡

## 11 | 土鍋

洋蔥帶有強烈的濃稠質地。風味不算清爽卻很醇厚。煮滾需要不少時間，但蓄熱能力很出色。關火後，經過長時間仍然保持溫熱。由於關火後會繼續烹調，令人想要稍待片刻享受熟成的風味。

**燉煮前**

**完成**

## 12 | 壓力鍋

彷彿像是湯品。肉質意外地柔軟。壓力鍋的構造是以放手做為前提進行設計。由於密閉和施加壓力，使鍋中水分被保留。當水量與其他鍋具相同時，鹹度和風味會稍嫌不足。若能調整這一點，成品會更理想。

**燉煮前**

**完成**

# 你的咖哩有多重？

## 確認重量

多數人可能沒有注意到，對於放手做咖哩而言，確認重量的意義相當重大。多少克的食材會做出多少克的咖哩呢？

我的標準將一人份設定為**200g**。可以的話**4人份是800g以上**比較好。本書登場的所有咖哩都有標示加熱前/後重量。全部大約在800g左右。

如果秤重（g／公克）很麻煩，測量容量（ml／毫升）也可以。話雖這麼說，不可能將剛煮好的咖哩倒入巨型量杯。使用自己的鍋具測試，掌握高度對應的毫升數或許是個好方法。

無論何種方法，脫水是重量和容量減少的原因。鍋中的水分，有多少比例逸散出去了呢？簡單來說，水分流失愈多，風味愈濃郁。換言之，風味更深沉厚實。

普通的咖哩根據加熱技術會產生差異，很難以重量當作判斷基準。舉例來說，即便將200g洋蔥炒到100g，在脫水的過程中，顏色會根據炒法而改變。以專業術語來說，梅納反應改變了鮮味和香味釋出的方式。因此，意思就是「請多磨練技術喔」。

## 咖哩的製作訓練

| | 鍋具種類 | 鍋具重量 | 材料 | 中火燉煮 30分鐘 | 大火燉煮 收汁5分鐘 | 備註 |
|---|---|---|---|---|---|---|
| 1 | 不鏽鋼鍋 | 908g | 1,000g | 627g | — | 有燒焦 |
| 2 | 鋁鍋 | 901g | 1,000g | 704g | 557g | |
| 3 | 琺瑯鍋 | 1,110g | 1,000g | 712g | — | 有燒焦 |
| 4 | 多層鋼鍋C | 533g | 1,000g | 713g | 583g | |
| 5 | 多層鋼鍋A | 780g | 1,000g | 753g | 627g | |
| 6 | 銅鍋 | 1,187g | 1,000g | 758g | 613g | |
| 7 | 玻璃鍋 | 1,306g | 1,000g | 793g | — | 有燒焦 |
| 8 | 多層鋼鍋B | 423g | 1,000g | 794g | 543g | |
| 9 | 鑄鐵鍋 | 1,563g | 1,000g | 800g | 644g | |
| 10 | 琺瑯鑄鐵鍋 | 2,140g | 1,000g | 810g | 657g | 有燒焦 |
| 11 | 土鍋 | 1,471g | 1,000g | 858g | 758g | |
| 12 | 壓力鍋 | 1,750g | 1,000g | 915g | — | 沸騰後加壓5分鐘 |

不過,放手做咖哩就沒問題喔!正如我在本書開頭表示,無論由我或是小學生來製作,味道都一樣。不需要技巧,大部分交給鍋具和熱源。因此,重量很重要。

試著用自己的鍋子製作練習用咖哩,重量是如何呢?
根據結果便能夠進行調整囉!

---

**完成=大約750g…大致按照食譜沒問題**

---

完成=低於750g…增加水量/調降火力

---

完成=有燒焦　…增加水量/調降火力

---

完成=高於750g…減少水量/增強火力

---

我認為料理會順應環境和道具而誕生。舉例來說,在只有土鍋和炭火的時代,出現某種美味的咖哩,並留下食譜。隨著時間推移,各種鍋具和熱源被創造出來,實現了其他手法。當鋁鍋塗上不沾黏材質,蓋上鍋蓋,可以自由調整火力,烹飪方式便會產生改變。

從完成的樣子來思考最合適的手法,進而選擇實現它的道具,也許我們已經進入這樣的時代。

因此,**常用的鍋具就可以囉**!在放手做咖哩中,讓我們回到咖哩的原點。使用自己的鍋具和熱源,製作並同時觀察食材改變的過程。由於放著不管的時間是自由的,我認為有這種樂趣也不錯。

專欄 4

# Hands off, 誰成為了伙伴？

我暗自高興著，宛如發現小小的秋天*。這也許是件大事呢！我悄悄地感到興奮，並努力地試做。當我發現放手做咖哩時，就是這種狀態。一旦確認可以做出美味的咖哩，我想馬上告訴別人。「欸欸，你知道嗎？」類似這樣。高昂的情緒使冷靜遠去。我相信全日本肯定有其他人也發現了小小的秋天，但是我不在意。我對於自己找到的秋天感到喜悅，想要與身邊的某個人分享。

雖然就我的心情來說，放手做咖哩的手法像是我從頭發現的，實際上它早就存在。秋天很早便來拜訪了。

幾年前，我在斯里蘭卡學習家庭料理時，當地媽媽將材料依序放入土鍋，蓋上鍋蓋。不出許久美味的咖哩便完成了。媽媽表情淡定，彷彿烹飪手法源自代代相傳。

我想起這個體驗，聯絡了帶我去的濱田先生。他是神戶人氣斯里蘭卡料理名店「Karapincha」（カラピンチャ）的老闆主廚。我們在距今恰好一年前的對話都還清晰。當時的我壓抑住興奮，假裝很平靜。

「只要將材料全部放入土鍋和開火，這種手法在斯里蘭卡很普遍嗎？」

「這是家庭料理很流行的手法。我們在馬塔拉（Matara，斯里蘭卡南方的城市）一同拜訪的賈亞（Jaya）先生家也是這樣，可以稱作咖哩的湯汁料理，幾乎都是以這種手法製成。我認為在斯里蘭卡的飲食史上，這可以說是近代的手法。」

「我想將這種烹調法重新命名，並且開發新的食譜。」

「好像很有趣！我認為非常好。請務必讓我也加入。順帶一提，我的店

『Karapincha』在製作魚類或蔬菜類咖哩時，經常使用這種手法。我也會整理我的食譜！」

　　看吧，這裡也有小小的秋天。

　　在東京初台經營「Tandoor」（たんどーる）餐廳的塚本主廚，表示他在訓練期間的員工餐是放手做咖哩。只要將雞肉、香料和數種蔬菜放入湯鍋燉煮即可。店裡有販售「主廚的員工餐咖哩」香料包附上食譜。我找到小小的春天了。

　　在印度比哈爾邦（Bihar）有道名為「Champaran Mutton」的羊肉咖哩。只要將所有材料放入土鍋攪拌均勻，密閉後以小火慢煮。順帶一提，我在牙買加取材的「山羊肉咖哩」，幾乎是以同樣的方式使用壓力鍋燉煮。我會不會也發現了小小的夏天？世界各地似乎還有更多的放手做咖哩。那麼，我們來尋找小小的冬天吧！等到春夏秋冬到齊，放手做咖哩的企劃就要啟動囉！

*〈發現小小的秋天〉是一首日本著名童謠。

# 本書登場的放手做咖哩一覽表

| | 內容 | 頁碼 | 食材 | 食譜名稱 | 綜合香料 |
|---|---|---|---|---|---|
| 基本 | 依照順序堆疊燉煮 | 010 | 雞肉 | 基本款雞肉咖哩 | 標準綜合香料 [S] |
| | | 026 | 牛肉 | 基本款牛肉咖哩 | 懷舊綜合香料 [N] |
| | | 029 | 豬絞肉 | 基本款肉末咖哩 | 邏輯綜合香料 [L] |
| | | 032 | 蔬菜 | 基本款蔬菜咖哩 | 普通綜合香料 [O] |
| | | 035 | 海鮮 | 基本款魚肉咖哩 | 普通綜合香料 [O] |
| | | 038 | 豆類 | 基本款豆咖哩 | 標準綜合香料 [S] |
| 應用 A | 全部攪拌均勻 | 088 | 雞肉 | 奶油雞肉咖哩 | 戲劇性綜合香料 [D] |
| | | 090 | 雞肉 | 濃郁雞肉咖哩 | 特殊綜合香料 [A] |
| | | 092 | 豬肉 | 甜辣豬肉咖哩 | 未來感綜合香料 [F] |
| | | 094 | 羊肉 | 牙買加羊肉咖哩 | 永恆綜合香料 [P] |
| 應用 B | 大火煮滾後蓋上鍋蓋 | 096 | 雞肉 | 異國風雞肉咖哩 | 普通綜合香料 [O] |
| | | 098 | 海鮮 | 鮭魚醃菜咖哩 | 感性綜合香料 [E] |
| | | 100 | 蔬菜・雞肉 | 塔吉風蔬菜咖哩 | 懷舊綜合香料 [N] |
| | | 102 | 豆類・牛絞肉 | 香辣扁豆咖哩 | 未來感綜合香料 [F] |
| 應用 C | 蓋上鍋蓋燜煮後加水 | 104 | 雞肉 | 斯里蘭卡雞肉咖哩 | 當代綜合香料 [C] |
| | | 106 | 海鮮・豬肉・蔬菜 | 蛤蜊豬肉咖哩 | 標準綜合香料 [S] |
| | | 108 | 蔬菜・牛肉 | 舞菇紅酒咖哩 | 邏輯綜合香料 [L] |
| 應用 D | 燉煮後期打開鍋蓋收汁 | 110 | 雞肉 | 咕滋咕滋雞肉咖哩 | 懷舊綜合香料 [N] |
| | | 112 | 雞、豬絞肉・豆類 | 青豆肉末乾咖哩 | 永恆綜合香料 [P] |
| | | 114 | 牛肉 | 胡椒牛肉咖哩 | 特殊綜合香料 [A] |
| 應用 E | 拌入蔬菜或香草收尾 | 116 | 豆類 | 紅腰豆奶油咖哩 | 感性綜合香料 [E] |
| | | 118 | 蔬菜 | 七種蔬菜咖哩 | 當代綜合香料 [C] |
| | | 120 | 豬肉・蔬菜 | 蔬菜燉肉紅咖哩 | 戲劇性綜合香料 [D] |
| 應用 F | 唯獨炒洋蔥要努力 | 122 | 雞肉 | 無水烤雞咖哩 | 邏輯綜合香料 [L] |
| | | 124 | 海鮮 | 鱈魚黃咖哩 | 懷舊綜合香料 [N] |
| | | 126 | 蔬菜 | 花椰菜羅勒咖哩 | 未來感綜合香料 [F] |
| 應用 G | 組合多種模式 | 128 | 雞肉 | 雞肉湯咖哩（B×E） | 邏輯綜合香料 [L] |
| | | 130 | 羊肉 | 帶骨羊肉咖哩（A×F） | 標準綜合香料 [S] |
| | | 132 | 蔬菜・海鮮 | 馬鈴薯秋葵咖哩（C×D） | 永恆綜合香料 [P] |
| 應用 H | 最後放上米飯炊煮 | 134 | 雞肉 | 雞肉香飯 | 標準綜合香料 [S] |
| | | 136 | 羊肉 | 羊肉香飯 | 特殊綜合香料 [A] |

| 香草 | 高湯 | 醃製 | 提味料 | 燉煮前 | 燉煮後 |
|---|---|---|---|---|---|
| 香菜 | × | × | — | 1,100g | 840g |
| — | × | × | 醬油·杏仁 | 1,280g | 861g |
| 薄荷 | × | × | — | 1,185g | 880g |
| 葫蘆巴葉 | × | × | — | 1,078g | 842g |
| 檸檬葉／香茅 | × | × | 魚露／柑橘醬 | 942g | 898g |
| 香菜 | × | × | 洋蔥酥 | 1,113g | 896g |
| 葫蘆巴葉 | × | ○ | — | 1,070g | 840g |
| 咖哩葉 | × | ○ | — | 1,130g | 893g |
| — | × | ○ | 砂糖 | 1,005g | 863g |
| 百里香 | × | ○ | 甜辣醬 | 1,085g | 891g |
| 咖哩葉 | × | × | 魚露 | 1,135g | 861g |
| — | × | × | 印度綜合蔬果醃漬物 | 1,000g | 840g |
| 巴西里 | ○ | ○ | 洋蔥酥 | 1,210g | 860g |
| — | × | × | — | 1,000g | 881g |
| 咖哩葉／香蘭葉 | ○ | × | — | 1,015g | 936g |
| 香菜 | × | × | 鯷魚 | 1,116g | 892g |
| 百里香 | ○ | × | 洋蔥酥 | 1,102g | 852g |
| — | × | × | 醬油 | 1,145g | 804g |
| — | × | × | 椰子粉 | 1,137g | 851g |
| 羅勒 | × | × | — | 1,340g | 746g |
| 葫蘆巴葉 | × | × | — | 940g | 846g |
| — | ○ | × | 洋蔥酥 | 1,179g | 908g |
| 蒔蘿 | ○ | × | 砂糖 | 1,116g | 852g |
| — | × | ○ | — | 1,184g | 883g |
| 檸檬葉 | × | ○ | 魚露／砂糖 | 1,007g | 829g |
| 迷迭香 | ○ | × | — | 982g | 867g |
| 乾燥羅勒 | ○ | × | 魚露／砂糖 | 1,539g | 1,222g |
| — | × | × | — | 1,366g | 810g |
| — | ○ | × | — | 1,060g | 770g |
| 香菜／薄荷 | × | × | 洋蔥酥 | 937g→780g | →1,680g→1,394g |
| 香菜／薄荷 | × | ○ | 洋蔥酥 | 867g→1,440g | →1,414g |

# Hands up, 誰拿著木鏟？

　　來了，終於到了投票的時刻。動手做的黃金法則咖哩和免動手的放手做咖哩，你喜歡哪一種咖哩呢？現場的10位學員，請在喜歡的項目舉手喔！（心跳緊張）

「認為黃金法則咖哩比較好吃的人？」……2位
「認為放手做咖哩比較好吃的人？」……8位

　　喔喔，這樣啊，差異這麼大。老實說，我的心情很複雜。多年來，我對於黃金法則製作的咖哩很有自信。它竟然大幅度地輸給了放手做咖哩。請還我20年的光陰。（苦笑）

　　最近，我發現這種烹調輕鬆卻深沉的味道很受歡迎。人們帶著閃爍的眼神說「我比較喜歡放手做咖哩！」真是令人悲喜交雜。然而，我在想，可以肯定的是，放手做咖哩真有本事！因此，大家來挑戰原始的放手做咖哩不也很好嗎？另一方面，如今我仍然認為以黃金法則烹調的咖哩很美味。就算我是世界上唯一這麼想的人。

　　義大利的科學家伽利略‧伽利萊（Galileo Galilei）似乎曾經這樣說。
　　「無論如何，地球依舊在運轉」。
　　日本的香料探索者水野仁輔也有著同樣的心情。
　　「無論如何，洋蔥依然要拌炒」。

我認為擁有放手做咖哩這種方法很令人鼓舞。不用動手也能完成，想要動手就動手也可以。然而，即便有人說很好吃，想要詢問「你是怎麼做的？」請將這種手法保密喔！不要得意地回答「只要將材料放入鍋中，開火就好」。對方會認為「什麼嘛，你根本沒有努力吧」。

　　請不要忘記，食用的人是以名為「美味」的標準在衡量你的努力。

　　那麼，請享受開心的咖哩生活。

2021年　春　水野仁輔

# 香料咖哩教父的極簡易縮時料理教科書

零技術、顛覆傳統、不可思議的料理新手法！
8 種應用模式×10 款香料配方×31 道咖哩食譜×38 個五角香氣圖，
輕鬆掌握咖哩研究家畢生追求的美味方程式。

スパイスカレー新手法　入れて煮るだけ！ハンズオフカレー入門

作　　　者／水野仁輔
譯　　　者／楊玓縈
責任編輯／趙芷淳
封面設計／林家琪

發 行 人／許彩雪
總 編 輯／林志恆
行銷企畫／黃語緹
出 版 者／常常生活文創股份有限公司
地　　　址／106 台北市大安區信義路二段 130 號

讀者服務專線／(02) 2325-2332
讀者服務傳真／(02) 2325-2252
讀者服務信箱／goodfood@taster.com.tw

法律顧問／浩宇法律事務所
總 經 銷／大和圖書有限公司
電　　　話／(02) 8990-2588
傳　　　真／(02) 2290-1628

製版印刷／龍岡數位文化股份有限公司
初版一刷／2022 年 02 月
定　　　價／新台幣 450 元
ISBN ／ 978-986-06452-8-6

國家圖書館出版品預行編目 (CIP) 資料

香料咖哩教父的極簡易縮時料理教科書：零技
術、顛覆傳統、不可思議的料理新手法！8 種
應用模式×10 款香料配方×31 道咖哩食譜×38
個五角香氣圖，輕鬆掌握咖哩研究家畢生追求
的美味方程式。/ 水野仁輔著；楊玓縈譯 .-- 初
版 .-- 臺北市：常常生活文創股份有限公司，
2022.02
　　面；　　公分
　　譯自：スパイスカレー新手法：入れて煮る
だけ！ハンズオフカレー入門
　　ISBN 978-986-06452-8-6（平裝）
　　1.CST：食譜 2.CST：香料
427.1　　　　　　　　　　　　　111001226

FB｜常常好食　　網站｜食醫行市集

Originally published in Japan by PIE International
Under the title スパイスカレー新手法　入れて煮るだけ！ハンズオフカレー入門
（*Spice Curry Shinsyuhou Irete Nirudake! Hands-off Curry Nyuumon*）
© 2021 Jinsuke Mizuno / PIE International
Original Japanese Edition Creative Staff:
著者／水野仁輔　　　　　　　　　　撮影／今清水隆宏
アートディレクション／細山田光宣　　イラスト／オガワナホ
デザイン／松本 歩（細山田デザイン事務所）　編集／長谷川卓美
Complex Chinese translation rights arranged through Bardon-Chinese Media Agency, Taiwan